MÉMOIRES
PRÉSENTÉS PAR DIVERS SAVANTS
À L'ACADÉMIE DES SCIENCES DE L'INSTITUT DE FRANCE.
EXTRAIT DU TOME XXX.

MISSION D'ANDALOUSIE.

I

LE GISEMENT TITHONIQUE
DE FUENTE DE LOS FRAILES.

II

ÉTUDES PALÉONTOLOGIQUES
SUR LES T............GONDAIRES ET TERTIAIRES DE L'ANDALOUSIE,

PAR
W. KILIAN,
ANCIEN CHEF DES TRAVAUX PRATIQUES AU LABORATOIRE DE GÉOLOGIE DE LA SORBONNE,
CHARGÉ DU COURS DE GÉOLOGIE À LA FACULTÉ DES SCIENCES DE CLERMONT-FERRAND.

PARIS.
IMPRIMERIE NATIONALE.

M DCCC LXXXIX.

MISSION D'ANDALOUSIE.

Directeur de la Mission : M. F. FOUQUÉ,

MEMBRE DE L'INSTITUT;

Collaborateurs : MM. MICHEL LÉVY, MARCEL BERTRAND, CHARLES BARROIS,
OFFRET, KILIAN, BERGERON et BRÉON.

ÉTUDES

RELATIVES

AU

TREMBLEMENT DE TERRE DU 25 DÉCEMBRE 1884.

MÉMOIRES

PRÉSENTÉS PAR DIVERS SAVANTS

À L'ACADÉMIE DES SCIENCES DE L'INSTITUT DE FRANCE.

EXTRAIT DU TOME XXX.

MISSION D'ANDALOUSIE.

I

LE GISEMENT TITHONIQUE
DE FUENTE DE LOS FRAILES.

II

ÉTUDES PALÉONTOLOGIQUES
SUR LES TERRAINS SECONDAIRES ET TERTIAIRES DE L'ANDALOUSIE,

PAR

W. KILIAN,

ANCIEN CHEF DES TRAVAUX PRATIQUES AU LABORATOIRE DE GÉOLOGIE DE LA SORBONNE,
CHARGÉ DU COURS DE GÉOLOGIE À LA FACULTÉ DES SCIENCES DE CLERMONT-FERRAND.

PARIS.
IMPRIMERIE NATIONALE.

M DCCC LXXXIX.

LE GISEMENT TITHONIQUE

DE

FUENTE DE LOS FRAILES

PRÈS

DE CABRA (PROVINCE DE CORDOUE).

Historique.

Les gisements fossilifères des environs de Cabra, dans la partie S. E. de la province de Cordoue, ont depuis fort longtemps attiré l'attention des géologues.

Indiqués dès le milieu du siècle par Ezquerra del Bayo et par Cook (1834), les dépôts jurassiques de Cabra ne tardèrent pas à être signalés par de Verneuil et par ses collaborateurs. En effet, de Verneuil et Collomb citent des Ammonites jurassiques dans les montagnes de Baëna et de Cabra. Les mêmes auteurs rangent dans l'oxfordien les calcaires de Cabra dont M. Fernando Amor leur a communiqué des fossiles. Ils mentionnent : *Am. plicatilis, Am. Hommairei, Am. tatricus, Am. fimbriatus, Aptychus lamellosus,* il est facile de reconnaître là des espèces tithoniques mal déterminées : *Am. transitorias, Am. Kochi, Am. silesiacus, Am. Liebigi, Aptychus punctatus.* Ces notions assez vagues ont été augmentées notablement et précisées lors de la publication de l'*Explication sommaire de la carte géologique de l'Espagne* (2ᵉ édition), par de Verneuil et Collomb en 1867.

A la suite d'un voyage entrepris en 1867 avec M. Favre, de Verneuil signale la présence du néocomien à *Belemnites latus,*

Aptychus Didayi en Andalousie, au sud d'Alcala la Real, et men-
tionne, dans les calcaires tithoniques de Cabra, le *Ter. diphya*
(déterminé par Pictet), *Am. ptychoicus, Am. silesiacus, Am. Calisto*
ainsi qu'une espèce très voisine de l'*Am. plicatilis.* Il désigne même,
sur sa carte, le tithonique par une teinte spéciale.

La même année, M. Schlœnbach[1] publia une étude compa-
rative du tithonique de Cabra et de celui du Tyrol méridional,
d'après les matériaux de la collection de Verneuil.

Il constata la plus grande ressemblance entre les faunes de
Trente, Roveredo, etc., et celle de Cabra; le mode même de
conservation des fossiles du Tyrol et de l'Andalousie est identique, ainsi que la gangue qui les renferme (« rothe und weisse,
knorrige Kalke »). M. Schlœnbach cite notamment les espèces suivantes: *Am. ptychoicus, Am. silesiacus, Am. volanensis, Am. hybonotus,
Am. ptychostoma, Terebratula diphya.* L'auteur pressent également
l'existence en Andalousie de la zone à *Am. acanthicus* que de Verneuil n'avait encore pu distinguer du tithonique et attire l'attention
sur une ammonite intéressante voisine de l'*Am. Toucasi* d'Orb.,
qui se rencontre au lac de Garde, mais diffère sensiblement de
l'*Am. transversarius* Quenst (c'est probablement notre *Peltoceras
Fouquei*).

Depuis ce moment, nous trouvons des citations d'espèces de
Cabra dans presque toutes les publications relatives à l'étage tithonique. C'est ainsi que MM. Hébert, Zittel, Favre, Cotteau et, plus
récemment, MM. Nicolis et Parona, font mention de la localité
qui nous occupe.

Enfin M. Mallada[2], dans ses *Descriptions des provinces de Jaen
et de Cordoue,* consacre quelques pages au tithonique de cette
même région. Le même auteur a donné dans le *Synopsis de las*

[1] Schlœnbach. *Tithonische Fauna in
Spanien verglichen mit der Südtyrols.*
(*Verh. der k. k. geol. Reichsanstalt,* 1867,
p. 254 et 255.)

[2] M. Mallada (*Reconocimiento geolo-*

gico de la provincia de Cordoba) décrit
les assises tithoniques qui affleurent entre les bornes kilométriques 15 et 19
de la route de Cabra et Priego.

especies fosiles que se han encontrado en España; systema jurasico
une liste assez complète des espèces de Cabra et en a figuré une
bonne partie.

Description du gisement et stratigraphie.

Ayant eu l'occasion, lors de notre voyage en Espagne, de sé-
journer plusieurs jours à Cabra, de visiter le gisement célèbre de
Fuente de los Frailes et de recueillir une série considérable de
fossiles, dont quelques-uns appartiennent à des espèces inconnues
jusqu'à ce jour, nous avons cru utile de consigner dans une note
stratigraphique les résultats que nous a fournis l'étude, un peu
trop rapide malheureusement, de cette intéressante localité.

La petite ville de Cabra est située dans une plaine occupée par
des assises nummulitiques (marnes lie-de-vin, argiles grisâtres) et
des dépôts récents tufacés sur lesquels n'ont pas porté nos recherches.

C'est à l'est de cette région basse que s'élèvent les chaînes calcaires qui ont de tous temps attiré par leur richesse en fossiles
l'attention des géologues et dont nous avons, pendant un séjour
de plusieurs jours, étudié quelques points intéressants.

Les routes qui relient Cabra à Priego et à Baëna permettent de
se rendre compte de la structure de ces sierras, dont l'aspect aride
et dénudé contraste singulièrement avec la verdure qui s'épanouit
dans la partie basse de la contrée, couverte de plantations et d'oli-
viers.

Du côté du N.E., la route de Baëna franchit des saillies mon-
tagneuses qui se montrent formées par un calcaire blanc marmo-
réen à cassure esquilleuse, se délitant en gros bancs et en tous
points semblable à celui qui, dans les tranchées de Gobantes et près
de Loja (province de Grenade), supporte les premières assises du
tithonique. Cette roche dans laquelle, malgré de minutieuses
recherches, nous n'avons pu découvrir aucun fossile, prend par
places une texture oolithique très nette. L'on peut suivre les
affleurements de ces calcaires massifs vers le sud jusqu'au lieu dit

Martinetto sur la chaussée (carretera) de Carcabuey et de Priego.
En plusieurs points, la roche a été altérée par les agents atmo-

Esquisse d'une carte géologique des environs de Fuente de los Frailes.

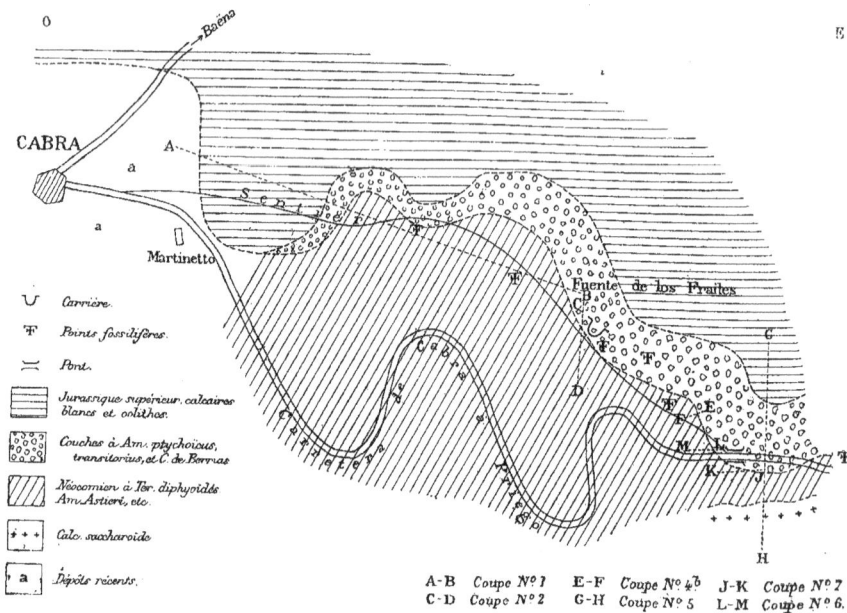

A-B Coupe N° 1	E-F Coupe N° 4	J-K Coupe N° 7
C-D Coupe N° 2	G-H Coupe N° 5	L-M Coupe N° 8

sphériques, et le ruissellement a donné naissance à des travertins et à des brèches.

La route de Priego nous offre une série de gisements fossilifères appartenant, soit au tithonique, soit au néocomien; le plus important est celui de Fuente de los Frailes déjà exploré par de Verneuil, MM. Ernest Favre et Mallada. Un sentier conduit directement de Cabra à ce point et présente l'avantage de montrer nettement les rapports des calcaires blancs avec le tithonique et le néocomien.

Nous ferons donc précéder la coupe que nous fournissent les tranchées de la nouvelle route par le profil que nous avons relevé en suivant le sentier de Fuente de los Frailes (fig. 1).

Après avoir quitté Cabra, l'on traverse l'extrémité S. E. de la plaine jusqu'à une source appelée Fuente del Rio. A partir de ce point, le chemin s'engage dans le massif de calcaires blancs que nous avons déjà décrit. (Voir plus haut.)

L'on rencontre d'abord de gros bancs de marbre à cassure esquilleuse et à structure parfois oolithique, puis, les recouvrant, se montrent des calcaires bien lités dont l'aspect bréchoïde indique l'âge tithonique. Ces bancs épais affleurent sur la berge d'un ruisseau; on les y exploite pour en faire des meules à droite du sentier. Puis viennent des marnes grises, blanches et rosées et des bancs de calcaire marneux fossilifères alternant avec des argiles à Ammonites pyriteuses; l'on y recueille :

> *Belemnites Baudouini* d'Orb.
> *Hamulina.* (Abondant en fragments.)
> *Ammonites Astieri* d'Orb.
> ——— cf. *cryptoceras* d'Orb.
> ——— cf. *Ixion* d'Orb.
> *Aptychus Seranonis* Coq.

Il est facile de constater que ces couches sont là supérieures au tithonique dont elles occupent une anfractuosité et dont les débris remaniés les recouvrent en plusieurs points.

En poursuivant notre route, nous ne tardons pas à voir apparaître sous les marnes et les marno-calcaires néocomiens les assises fossilifères du tithonique; l'on y voit de haut en bas :

1° Une assise très mince (50 centimètres) à éléments et fossiles d'apparence roulée, de couleur rouge : *Am. semisulcatus* (*ptychoïcus*), *Aptychus punctatus*, *Pygope diphya*, *Collyrites Verneuili* (tous semblent usés et roulés).

2° Marnes calcaires rouges à *Ter. diphya.*

3° Calcaire marneux rose : *Am. Calypso* (*silesiacus*), *privasensis*, etc.

4° Banc rempli d'*Aptychus punctatus.*

5° Calcaire rouge marneux à *Am. Liebigi, Juilleti,* etc., *Am. semisulcatus.*

6° Bancs épais d'un calcaire dur et bréchoïde de couleur rose.

Ces assises vont s'adosser au nord et au N. E. à des massifs de calcaire blanc.

Le sentier quitte alors les affleurements tithoniques pour rentrer dans les marnes et les marno-calcaires grisâtres du néocomien; nous avons recueilli là des restes d'Échinides indéterminables et l'*Am. Astieri.*

Fig. 1. — Coupe relevée le long du sentier de Cabra à Fuente de los Frailes.

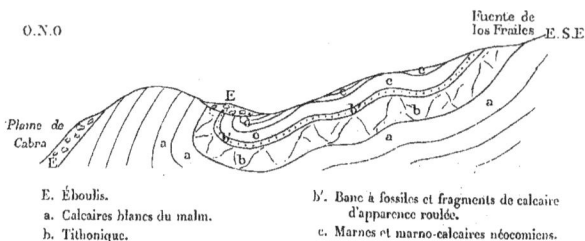

E. Éboulis.

a. Calcaires blancs du malm.

b. Tithonique.

b'. Banc à fossiles et fragments de calcaire d'apparence roulée.

c. Marnes et marno-calcaires néocomiens.

Nous arrivons alors à la Fuente de los Frailes, source qui est située à la limite des couches argileuses néocomiennes et des calcaires tithoniques, au pied d'un escarpement jurassique (fig. 2). Au N. E. et à l'est sont ouvertes de vastes carrières dans lesquelles

Fig. 2. — Coupe prise à Fuente de los Frailes.

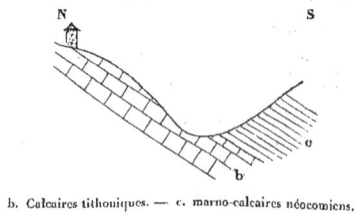

b. Calcaires tithoniques. — c. marno-calcaires néocomiens.

abondent les fossiles de la zone à *Am. transitorius* et à *Pygope diphya*. Le nombre et la variété des échantillons sont exceptionnels. On exploite des bancs de calcaire blancs ou rosés à structure bréchoïde traversés par des filets de marnes rouges.

Fig. 3. — Coupe relevée au N. E. de la route de Cabra à Priego.

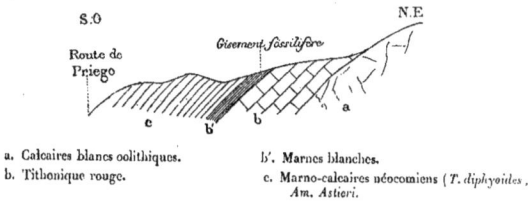

a. Calcaires blancs oolithiques.
b. Tithonique rouge.

b'. Marnes blanches.
c. Marno-calcaires néocomiens (*T. diphyoides* , *Am. Astieri*.

Ces assises sont inclinées vers le S. O. On y distingue de bas en haut :

1° Des bancs calcaires durs et bréchoïdes, rouges et blancs, avec : *Ter.* (*Pygope*) *janitor*, *Ter. diphya*, *Ter. Catulloi*, et :

Amm. semisulcatus (*ptychoicus*).
—— *Calypso* (*silesiacus*).
—— *quadrisulcatus*.
—— *symbolus*.
—— *Liebigi*.
—— *Honnorati* (*municipalis*).
—— *elimatus*.
—— *Fischeri*.
—— *colubrinus*.

Amm. transitorius.
—— *Koellikeri*.
—— *moravicus*.
—— *narbonensis*.
—— *rogoznicensis*.
—— *Falloti*.
Aptychus punctatus.
—— *Beyrichi*.

2° Une assise plus marneuse blanche et rose, où se rencontrent particulièrement :

Amm. privasensis.
—— *Calisto*.
—— *Chaperi*.
—— *Richteri*.
—— *carpathicus*.
—— *Castroi*.

Amm. Bergeroni.
—— *Tarini*.
—— *Macphersoni*.
—— aff. *occitanicus,*
—— *geron*.

3° Un lit de marnes rouges schisteuses, sans fossiles.

1.

En se dirigeant plus à l'est et en gravissant les pentes au-dessus des carrières, l'on ne tarde pas à rencontrer dans les vignes, à la partie tout à fait supérieure des calcaires tithoniques, un lit (1 mètre) de marnes blanches et rouges excessivement riche en fossiles bien conservés. Nous citons comme particulièrement abondants :

Bel. Conradi.	Aptychus Beyrichi.
Am. Kochi.	Pygope diphya.
—— privasensis.	Hemicidaris Zignoi.
Aptychus latus.	Metaporhinus transversus.

Nous y avons recueilli en outre :

Bel. (Duvalia) latus.	Am. privasensis.
—— (——) Haugi.	—— delphinensis.
—— (——) strangulatus.	—— Chaperi.
—— (——) Deeckei.	—— Negreti.
Am. semisulcatus (ptychoicus).	—— Malbosi.
—— Calypso (silesiacus).	—— Bergeroni.
—— Juilleti (sutilis).	—— cyclotus.
—— elimatus.	—— carpathicus.
—— Staszycii.	Ancyloceras sp.
—— cf. serus.	Anisocardia tyrolensis.
—— tithonius.	Corbula cf. Pichleri.
—— Lorioli.	Pygope Bouei.
—— sublorioli.	Collyrites friburgensis.
—— transitorius.	—— Verneuili.
—— Richteri.	—— nov. sp.
—— Cortazari.	

Ces couches si intéressantes sont recouvertes (fig. 3), dans les vignes, par un ensemble de marnes à fossiles pyriteux d'un gris jaunâtre, alternant avec des bancs de calcaire tendre et marneux de même couleur; on y récolte en abondance :

Bel. (Duvalia) latus.	Am. Juilleti.
Am. quadrisulcatus.	—— diphyllus.

Am. Tethys.	*Am. Grasi.*
—— *semisulcatus.*	—— *neocomiensis.*
—— *picturatus.*	—— *asperrimus*, etç.
—— *Astieri.*	

Dans les bancs calcaires, on trouve des Hamulines et *Aptychus angulicostatus.*

Il n'est pas difficile de reconnaître là le néocomien inférieur, tel qu'il se présente en Provence; nous avons pu nous assurer que, tant sous le rapport de la faune qu'au point de vue de la nature des assises, le néocomien de Cabra présente avec les assises infra-néocomiennes à Ammonites pyriteuses de Saint-Julien-en-Beau-chêne (Hautes-Alpes) et de Sisteron (Basses-Alpes) l'identité la plus complète.

En regagnant la grande route de Priego, on ne quitte pas la limite des marnes néocomiennes et du tithonique qui se recouvrent en concordance. En un point cependant, et probablement par suite d'une cassure locale, les couches semblent buter les unes contre les autres. (Voir la figure 4 ci-jointe.)

Fig. 4. (E.-F de la Carte.)

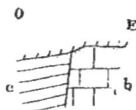

b. Tithonique. — c. Néocomien marneux.

Si l'on s'engage sur la route de Priego, non loin du pont indiqué sur l'esquisse qui accompagne cette note, l'on ne tarde pas à pénétrer dans une dépression dirigée à peu près E.-O., dont la route suit l'axe pendant plusieurs kilomètres. La grande route se maintient au contact du néocomien et du tithonique pendant quelques centaines de mètres jusqu'à un poste de cantonniers (Peones camineros). A gauche s'élève une sierra calcaire, à droite c'est un talus marneux qui est surmonté par une assise de calcaires formant une crête. Une coupe perpendiculaire à la route (fig. 5) montre les couches roses tithoniques allant s'appuyer au nord contre des calcaires·oolithiques ruiniformes qui constituent une suite de rochers très élevés; le tithonique, plongeant vers le sud, s'étend jusqu'à la chaussée (*Am. Liebigi, Am. transitorius, Ter. diphya*); là, il est recouvert en stratification concordante par des marnes

Fig. 5.

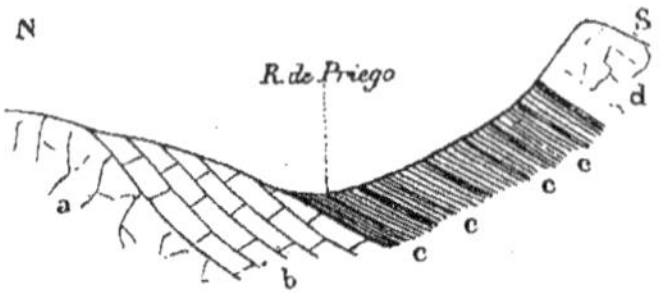

a. Calcaire blanc et oolithique.   c. Néocomien.
b. Tithonique.   d. Calcaire saccharoïde.

grises à Ammonites pyriteuses (*Am. Astieri*, etc.) alternant vers le haut avec des bancs marno-calcaires à faune plus récente :

Hamulina sp.	*Am. Astieri.*
Am. subfimbriatus.	—— cf. *incertus.*
—— *infundibulum.*	*Aptychus Seranonis* Coq.

Le néocomien, ainsi caractérisé, forme au sud de la route un talus au sommet duquel l'on voit une assise de calcaires blanc-jaunâtres, saccharoïdes et légèrement vacuolaires (fig. 5). L'absence

Fig. 6.

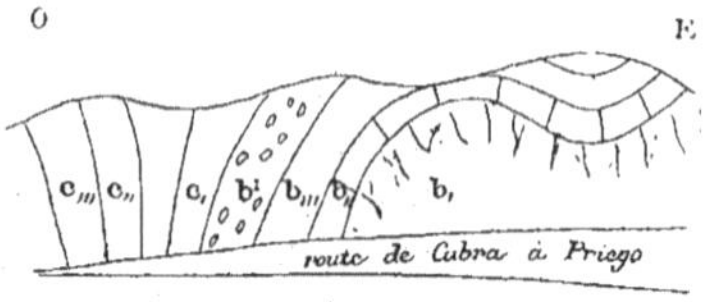

de fossiles ne nous permet pas de nous prononcer sur l'âge de ces couches qui, par leur position et leur nature lithologique, paraissent correspondre à l'urgonien.

Retournons dans la direction de Cabra : la route traverse un pont à gauche duquel affleurent encore les calcaires tithoniques

Fig. 7. — Contournements des calcaires tithoniques.

fortement ondulés (fig. 7); à droite, la tranchée du chemin nous donne la coupe suivante (fig. 6) :

1° Calcaire tithonique rosé, bréchoïde, en gros bancs : *Am. transitorius, Am. Honnorati (municipalis), Am. Lorioli* (b, de la figure 6).

2° Calcaire rouge, marneux et fissile (b$_{,}$ de la figure 6).

3° Calcaire marneux jaunâtre (b$_{,,}$ de la figure 6).

4° Marnes blanches à fragments de calcaire paraissant *usés* et fossiles d'apparence *roulée* : *Am. ptychoicus, Am.* (voisin du *Calisto*), *Aptychus Beyrichi, Aptychus punctatus, Pygope Bouei,* Encrines (b^1 de la figure 6).

5° Marnes grises et marnocalcaires à Ammonites indéterminables (c$_{,}$ de la figure 6).

6° Marnes à rognons calcaires : *Aptychus punctatus* (c$_{,,}$ de la figure 6).

7° Marnes grises à Ammonites pyriteuses (*Bel. conicus, Am. quadrisulcatus, Am. Grasi, Am. Astieri*) avec banc de calcaire marneux grisâtre à *Pygope diphyoides* (c$_{,,,}$ de la figure 6).

La route descend ensuite en lacets vers Cabra, elle traverse la série renversée des marnes néocomiennes jusqu'au voisinage d'une fabrique connue sous le nom de Martinetto. Ici elle entre dans la plaine et côtoie le massif jurassique dont nous avons parlé au commencement de cette étude.

Notons, pour terminer, que la collection de Verneuil à l'École des Mines de Paris renferme quelques fossiles de Cabra qui indiqueraient l'existence, près de cette ville, d'horizons fossilifères appartenant au jurassique supérieur et inférieurs au tithonique. Ce sont : un exemplaire typique du *Pell. bimammatum* Qu. sp.

que nous avons fait figurer dans notre *Mémoire paléontologique*
(pl. XXVI, fig. 3) et un échantillon du *Simoceras* cf. *agrigentinum*
Gemm. (*Mém. paléont.*, pl. XXVI, fig. 1) ainsi que *Oppelia Holbeini*
Opp. sp. Ces fossiles sont rouges et la gangue ressemble à celles
du tithonique.

Liste générale des fossiles recueillis aux environs de Cabra.

ABRÉVIATIONS.

K.   Espèces trouvées par l'auteur.
C. V.   Espèces déposées dans la collection de Verneuil, à l'École des Mines de Paris.
ᵉ   Espèces citées par M. Mallada.

TITHONIQUE.

Belemnites (Hibolites) semisulcatus Münst.ᵉ K.
—— (——) Conradi Kilian. K.
—— (Duvalia) latus Blainv. K., C. V.
—— (——) ensifer Opp. C. V.
—— (——) strangulatus Opp. C. V.
—— (——) Haugi Kilian. K.
—— (——) Deeckei Kilian. K.
—— (——) tithonius Opp. K. C. V.
—— (——) conophorus Opp. K.
Lytoceras quadrisulcatum d'Orb. sp.ᵉ K., C. V.
—— Juilleti d'Orb. sp. (sutile Opp. sp.) K.
—— Liebigi Opp. sp. K.
—— Honnorati d'Orb. sp. (municipale Opp. sp.ᵉ) K., C. V.
Phylloceras cf. serum Opp. sp. (= Tethys d'Orb. sp.) K., C. V.
—— Calypso d'Orb. sp. (silesiacum Opp. sp.)ᵉ K., C. V.
—— Kochi Opp. sp.ᵉ K., C. V.
—— semisulcatum d'Orb. sp. (ptychoicum Qu. sp.)ᵉ K., C. V. Cité
      par Zittel. (Abondant.)
Haploceras elimatum Opp. sp.ᵉ K., C. V.
—— Grasi d'Orb. sp. (tithonium Opp. sp.) K.
—— Staszycii Zeuschn. sp. K.
Holcostephanus cf. narbonensis Pict. sp. K., C. V.
—— pronus Opp. sp.ᵉ K.
—— Negreli Math. sp. (Barroisi Kil.) K.
—— Grotei Opp. sp.ᵉ C. V.

Aptychus Beyrichi Opp.* K., C. V.

—— **punctatus** Voltz.* K., C. V.

Perisphinctes colubrinus Rein. sp. K., C. V.

—— **eudichotomus** Zitt.* sp. var. **cabrensis** de V. C. V.

—— **contiguus** Zitt. (non Cat. sp.) C. V.

—— **transitorius** Opp. sp.* K., C. V.

—— **senex** Opp. sp. K., C. V.

—— **geron** Zitt. (ardescicus Font.) K.

—— **Fischeri** Kil. K.

—— **Lorioli** Zitt.* K., C. V.

—— **sublorioli** Kil. K.

—— cf. **moravicus** Opp. sp. K.

—— **Falloti** Kilian K.

—— **Richteri** Opp. sp.* K., C. V.

—— —— sp. C. V.

—— **Albertinus** Zitt. C. V.

—— **Heimi** E. Favre, K.

Simoceras lytogyrum Zitt. K.

Hoplites microcanthus Opp. sp.* C. V.

—— **Kœllikeri** Opp. sp.* K.

—— **symbolus** Opp. sp. Citée par Zittel. K., C. V.

—— **privasensis** Pictet sp. K., C. V.

—— **progenitor** Opp. sp.* K., C. V.

—— aff. **occitanicus** Pictet sp. K.

—— **Bergeroni** Kilian. K.

—— **Andreæi** Kil. C. V.

—— **Tarini** Kilian. K.

—— **Chaperi** Pictet sp. K., C. V.

—— **Castroi** Kilian. K.

—— **Malbosi** Pictet sp. K., C. V.

—— **carpathicus** Zitt. sp.* K., C. V.

—— **Calisto** d'Orb. sp. K., C. V.

—— **delphinensis** Kil. K.

—— **Malladæ** Kil. C. V.

—— sp. C. V.

—— **Macphersoni** Kil. K.

Peltoceras Cortazari Kil. K.

—— sp. Kil. K., C. V.

Aspidoceras rogoznicense Zeuschn. sp. K., C. V.

—— **cyclotum** Opp. sp.* K., C. V.

Aptychus latus Park.* K., C. V.

Ancyloceras sp. K.

Pleurotomaria cf. macromphalus Zitt. K. sp. C. V.

Corbula cf. Pichleri Zitt. K., C. V.

Anisocardia tyrolensis Zitt. K.

Aucella carinata Par. sp. C. V.

Panopæa C. V. (Donné à M. de Verneuil par M. Machado.)

Pygope diphya F. Col. sp.* K., C. V. (Abondant.) Citée par Zittel.

———— Catulloi Pictet sp.* (dilatata.) K.

———— janitor Pictet sp. K., C. V.

———— triangulus Lam. sp.* K., C. V.

———— Bouei Zeuschner sp. K.

Holectypus sp. C. V.

Hemicidaris Zignoi Cott.* K., C. V. Cité par Zittel.

Cidaris sp. C. V.

Collyrites nov. sp. K.

———— Verneuili Cott.* K., C. V. Cité par Zittel.

———— friburgensis Oost.* K., C. V. Cité par Zittel.

Metaporhinus convexus Cat. sp.* Cité par Zittel. K., C. V.

Encrine. (Abondant.)

NÉOCOMIEN.

Belemnites (Duvalia) dilatatus d'Orb.* C. V.

———— sp. K.

———— latus Blainv. C. V., K.

———— conicus Blainv. K.

Hibolites sp. K.

Phylloceras Tethys d'Orb. sp. K. (Pyriteux.)

———— picturatum d'Orb. sp. K., C. V. (Pyriteux.)

———— diphyllum d'Orb. sp. K. (Pyriteux.)

———— semisulcatum d'Orb. sp. (ptychoicum Qu. sp.) K., C. V. (Pyriteux.)

———— infundibulum d'Orb. sp. K., C. V. (Pyriteux.)

Lytoceras quadrisulcatum d'Orb. sp. K., C. V. (Pyriteux.)

———— Juilleti d'Orb. sp. (sutile Opp. sp.) K., C. V. (Pyriteux.)

———— subfimbriatum d'Orb. sp. (Calcaire.)

———— cf. lepidum d'Orb. sp. (Pyriteux.)

Hamulina sp. K. (Calcaire.)

Haploceras Grasi d'Orb. sp. K., C. V. (Pyriteux.)

Haploceras sp. (Calcaire.)

Holcostephanus Astieri d'Orb. sp. K., C. V. (Pyriteux et calcaire.)

—— —— var. Pictet sp. (Calcaire.)

Hoplites neocomiensis d'Orb. sp. K., C. V. (Pyriteux.)

—— cf. **cryptoceras** d'Orb. sp. K. (Calcaire.)

—— **macilentus** d'Orb. sp. C. V. (Calcaire.)

—— **asperrimus** d'Orb. sp. K. (Pyriteux.)

Aptychus Seranonis Coq. K.

—— **Didayi** Coq. C. V.

—— **angulicostatus** Pict. et de L. C. V.

Schloenbachia cf. **Ixion** d'Orb. sp. K. (Calcaire.)

Ptychoceras (Baculites) neocomiense d'Orb. sp. C. V. (Pyriteux.)

Ancyloceras sp. C. V. (Calcaire.)

Gastropodes indéterminables. C. V. (Pyriteux.)

Pholadomya cf. **Trigeri** Cott. C. V. (Calcaire.)

—— du groupe de **Ph. Malbosi** Pict. C. V. (Calcaire.)

Terebratula Moutoni Pict. C. V. (Calcaire.)

—— **hippopus** Rœmer. C. V. (Calcaire.)

Pygope diphyoides d'Orb. sp. K. (Calcaire.)

Échinides indéterminables. K. (Calcaire.)

Il convient d'ajouter à ces listes des fossiles de Cabra les espèces suivantes qui ne nous sont connues que par des citations qu'en a faites M. de Mallada dans ses divers ouvrages :

Aptychus sparsilamellosus Guemb.

—— **lamellosus** Munst.

Am. arduennensis d'Orb.

—— **Hommairei** (?) d'Orb.

—— **tatricus** (?) Pusch.

—— **eucyphus** Opp.

—— **liparus** Opp.

—— **tortisulcatus** d'Orb.

—— **mediterraneus** Neum.

—— **isotypus** Benecke.

—— **macrotelus** Opp.

—— **arolicus** Opp.

—— **flexuosus** Münst.

—— **pseudoflexuosus** Favre.

Am. **Loryi** Mun.-Ch.
———— **Manfredi** Opp.
———— **trimerus** Opp.
———— **hybonotus** Benecke.
———— **strictus** Cat.
Neæra Lorioli Neum.
Rhynchonella lacunosa Qu.
Collyrites arolica.
———— **Voltzii** Desor.
Chenandropus Herbichi Neum.

La collection de Verneuil renferme en outre les espèces suivantes, dénommées mais non décrites par de Verneuil :

Am. **cabrensis** de Vern. **= Perisphinctes eudichotomus** Zitt. sp. var. **cabrensis** de Vern.

Am. **Botellæ** de Vern.   } **= Perisphinctes colubrinus** Rein. sp.
———— **subbotellæ** de Vern. }

———— **carcabuensis** de Vern. **= Hoplites privasensis** Pictet sp.

———— **Colombi** de Vern. **= Perisphinctes Heimi** Favre.

En résumé, il résulte de nos observations aux environs de Cabra :

1° Que les assises tithoniques reposent sur des calcaires massifs de couleur blanche, compactes ou oolithiques, dans lesquels nous n'avons pas rencontré de fossiles.

D'après certains échantillons de la collection de Verneuil, les zones de l'*Am. bimammatus* et de l'*Am. acanthicus* existeraient aux environs de Cabra.

2° Le tithonique, quoique très homogène (*Aptychus punctatus, Am. semisulcatus* [*ptychoicus*], *Calypso* [*silesiacus*], *Juilleti* [*sutilis*], *Richteri, transitorius*, *Ter. diphya*, *Ter. janitor*, etc., se rencontrent du haut en bas de l'étage), présente une PARTIE INFÉRIEURE à *affinités jurassiques* [1] (*Am.* [*Asp.*] *rogoznicensis, Am. lon-*

---

[1] Notre confrère M. Haug, de Strasbourg, nous écrit avoir constaté, dans les Alpes du Tyrol, l'existence d'une transgression entre les couches du niveau de Stramberg et le Diphyakalk (tithonique inférieur). Cela tendrait à

gispinus[1], *Am.* [*Perisphinctes*] *colubrinus, Am. contiguus, Am. geron, Am. Fischeri, Aptychus latus, Am.* [*Perisphinctes*] *albertinus, Am. Heimi*) et une DIVISION SUPÉRIEURE à *affinités crétacées* et à faune voisine de celle de Berrias, qui contient un nombre plus grand de formes spéciales (*Bel. Conradi, B. Haugi, B. Deeckei, Am. Kochi, Am. pronus, Am. privasensis, Am. Calisto, Am. Bergeroni, microcanthus, Kœllikeri, Andreæi, Chaperi, delphinensis, Tarini, Castroi, carpathicus, Malladæ, Macphersoni, Cortazari, cyclotus,* etc.). Cette division supérieure nous a également fourni la plupart des espèces du calcaire de Berrias (*Bel. latus, Am. Grasi, Am. narbonensis, Am. Grotei, Am. Negreli, Am. privasensis, occitanicus, Malbosi,* etc.), de sorte qu'il est probable qu'elle représente cet horizon qui, sans cela, ferait ici défaut. Il faut, par conséquent, considérer les couches de Berrias comme intimement liées au tithonique supérieur, qui renferme déjà de nombreux *Hoplites* du groupe de *Hopl. Malbosi* et des *Holcostephanus,* précurseurs de *Holc. Astieri.*

Cependant il demeure non moins démontré qu'ici comme dans le Véronais, dans les Alpes françaises et dans plusieurs autres régions, les deux assises, exceptionnellement bien développées et distinctes à Cabra, contiennent un nombre trop grand d'espèces communes pour être considérées comme autre chose que comme

prouver, d'après **M. Haug,** que l'étage tithonique d'Oppel n'est autre chose qu'un système de couches, dont une grande partie (le Diphyakalk) devrait être rapportée au terrain jurassique, tandis que l'autre (l'horizon de Stramberg, auquel se rattacheraient les couches de Berrias) ferait partie du crétacé, ainsi que le montrerait le grand nombre de formes nouvelles qui apparaissent à ce niveau. Tel n'est pas notre avis ; quoique reconnaissant parfaitement les affinités crétacées du tithonique supérieur, nous nous refusons, à cause des nombreuses espèces communes aux deux divisions du tithonique d'une part, et de l'autre pour des raisons de parallélisme, à accepter la scission proposée par notre savant confrère.

[1] M. Favre (Z. à A. *acanthicus,* p. 108) dit avoir rencontré à Cabra, avec le *Ter. diphya,* un échantillon d'*Am. longispinus* typique. Pictet, de son côté (*Arch. d. sc. Bibl. univ.,* nov. 1869), émet l'opinion que les couches de Cabra appartiennent au tithonique inférieur (Klippenkalk).

des subdivisions secondaires d'un ensemble assez homogène. Nous croyons donc devoir, avec M. Hébert, avec MM. Nicolis et Parona, les réunir en un groupe qui nous paraît très naturel et qu'il serait pratiquement fort difficile de scinder en deux zones indépendantes, dans la plupart des régions que nous avons visitées.

Le trait caractéristique de ces faunes est le développement des *Perisphinctes* du groupe de l'*Am. transitorius* (*Per. geron, senex, contiguus, transitorius, eudichotomus, Richteri*) et l'apparition, dans la plus récente, de la série importante des *Hoplites* (*H. Chaperi, H. privasensis, H. delphinensis, H. Calisto, H. microcanthus*), précurseurs des formes (*Hoplites Roubaudi, neocomiensis, radiatus*, etc.) qui vont peupler les mers néocomiennes, ainsi que des *Holcostephanus*[1] (*H. pronus*), si répandus dans le néocomien inférieur.

Nous avons choisi comme espèces caractéristiques l'*Am.* (*Perisphinctes*) *geron* pour la zone inférieure, l'*Am.* (*Hoplites*) *Calisto* pour la zone supérieure, à cause de la constance avec laquelle ces deux formes se montrent, occupant toujours le même niveau, non seulement en Andalousie, mais dans les Alpes françaises, dans les Alpes orientales, le Véronais, etc.

L'*Am. privasensis* que l'on aurait pu également, vu son abondance, prendre comme fossile typique de l'assise supérieure, se continue dans les calcaires de Berrias, ce qui n'a pas lieu pour *Am. Calisto*.

3° Le tithonique se termine par un lit à fossiles d'apparence roulée et rognons de calcaire formant une sorte de brèche à rapprocher de celles qui ont été observées par nous au niveau de l'*Am. Loryi*, dans le tithonique, et dans le calcaire de Berrias, près de Sisteron (Basses-Alpes) et de celles qu'on a citées souvent, à Aizy (Isère) et dans d'autres localités. Il est fort remarquable que les traces d'un trouble dans la sédimentation se retrouvent

---

[1] Nous croyons qu'il faut écrire *Holcostephanus* comme *Holcodiscus* et non *Olcostephanus*, le mot grec ὅλκός portant un esprit rude.

à un niveau à peu près identique dans les régions les plus diverses [1].

4° Le néocomien à *Ter.* (*Pygope*) *diphyoides* est bien développé
dans la contrée et rappelle beaucoup, ainsi que l'a déjà fait remarquer M. Hébert (*Bull. Soc. géol. de France*, 2ᵉ série, t. XXIV,
p. 369), les couches équivalentes de la Drôme et des Basses-Alpes.
(Marnes à *Bel. Emerici* et *Ammonites neocomiensis.*) La présence de
certaines espèces paraît indiquer aussi l'existence de l'hauterivien
près de Cabra et du barrèmien plus à l'est, près de Carcabuey.

[1] Voir à ce sujet (*Ann. des sciences géolog.*, t. XIX, p. 134 et 192) un article
où nous avons traité en détail la question des pseudobrèches du tithonique de nos
Alpes françaises.

ÉTUDES PALÉONTOLOGIQUES

SUR

LES TERRAINS SECONDAIRES ET TERTIAIRES

DE

L'ANDALOUSIE.

INTRODUCTION.

Les fossiles cités et décrits dans ce Mémoire ont été recueillis, pour la plupart, par M. Marcel Bertrand et par moi dans les terrains secondaires et tertiaires des provinces de Grenade et de Malaga. Un certain nombre d'espèces proviennent de la collection de Verneuil, que M. Douvillé a gracieusement mise à ma disposition pour ce travail. Enfin un grand nombre des échantillons étudiés et figurés a été récolté dans une excursion que je fis pendant mon séjour en Andalousie, à Cabra (province de Cordoue).

J'ai suivi dans cette étude l'ordre stratigraphique; les espèces de chaque étage y sont énumérées et accompagnées des observations auxquelles elles peuvent donner lieu. J'ai eu soin, afin de donner plus de précision à mes indications, de renvoyer autant que possible, pour chaque espèce, à la figure que j'ai prise pour type. Quelques formes nouvelles ont été figurées; d'autres déjà connues ont été représentées de nouveau pour en justifier la détermination ou pour fournir une base à la discussion. Je n'ai pas donné la synonymie complète des espèces; un grand nombre d'entre elles sont déjà très connues et les synonymies détaillées en sont indiquées

4

dans d'autres ouvrages. Je me suis donc borné à citer les travaux dans lesquels les descriptions et les figures m'ont fourni des éléments spéciaux de comparaison. On trouvera enfin des considérations générales sur la faune de chaque étage et les rapprochements qui peuvent être établis entre ces faunes et celles des contrées classiques.

Les études qu'a nécessitées la préparation de ce Mémoire ont été faites au laboratoire de recherches géologiques de la Sorbonne. Je suis heureux de pouvoir présenter l'expression de ma reconnaissance à son directeur, mon savant maître M. Hébert, ainsi qu'à M. Munier-Chalmas, sous-directeur, qui n'a cessé de m'assister de ses conseils et de sa compétence. Je remercierai également MM. Bassani, Douvillé, P. Fischer, de Lapparent, Fontannes, E. Haug, Uhlig et Ph. Dautzenberg, auxquels je dois de précieux renseignements.

Les planches qui accompagnent le texte ont été dessinées d'après nature par M. Bideault, qui s'est aidé pour cela de nombreuses photographies exécutées par l'auteur au laboratoire de recherches de la Faculté des sciences.

TRIAS.

Le trias, peu fossilifère dans la région, ne nous a fourni de restes organisés que près d'El Chorro (sierra de Abdalajis) et à la sierra Elvira. Ces deux gisements appartiennent à la partie tout à fait supérieure du système.

1. **Natica gregaria** Schl. sp.

1822. *Helicites turbilinus* v. Schl., *Nachtræge*, pl. XXXII, fig. 5, p. 108.
1822. *Buccinites gregarius* v. Schl., *Nachtræge*, pl. XXXII, fig. 6, p. 108.
1841. *Turbo gregarius* Schl.[1] Goldfuss, *Petr. Germ.*, pl. CXCIII, p. 93.
1864. *Natica gregaria* Schl. v. Alberti, *Trias*, p. 168.

Couches à *Myophoria vestita*. Tranchées du chemin de fer entre Gobantes et El Chorro. Abondant.

Cette espèce se rencontre ailleurs dans le muschelkalk et dans le keuper (Wurtemberg), ainsi que dans le trias supérieur des Alpes.

2. **Gastropode** indéterminable.

L'ornementation rappelle *Pleurotomaria sulcata* Alberti.

3. **Myophoria vestita** v. Alberti.

Pl. XXIV, fig. 1.

1864. V. Alberti, *Die Trias*, pl. II, fig. 6.

Nous rapportons à cette espèce deux échantillons assez mal conservés dont la disposition des côtes, surtout la proéminence de la première, rappelle le type d'Alberti. Avant de nettoyer l'échantillon, les sillons de la lunule caractéristiques de l'espèce étaient

---

[1] Les titres *in extenso* des ouvrages cités en abbréviations se trouvent à la fin de ce travail.

4.

encore visibles. M. Munier-Chalmas en a constaté l'existence avec nous.

Tranchées du chemin de fer entre les stations de Gobantes et d'El Chorro.

Le type est du keuper de Gansingen (Argovie).

4. **Lucina** (?) sp.

Échantillons mal conservés, visibles sur la plaque de calcaire représentée pl. XXIV, fig. 1.

Même gisement.

5. **Gervillia præcursor** v. Quenstedt.

1858. Quenstedt, *Jura*, pl. I, fig. 8-11.
1861. Alberti, *Die Trias*, pl. I, fig. 6.

Cette espèce, identique aux figures données par M. Quenstedt, forme lumachelle dans une assise de calcaire marneux brunâtre, où elle est associée à *Myophoria vestita* et à *Natica gregaria*.

Tranchées du chemin de fer entre les stations de Gobantes et d'El Chorro.

Dans le reste de l'Europe, elle caractérise le keuper supérieur et l'infralias.

6. **Terquemia (Carpenteria) spondyloides** v. Schl. sp.

1822. *Ostracites spondyloides* V. Schlotheim., *Nachtræge*, pl. XXXVI, fig. 1[b].
1841. Goldfuss, *Petr. Germ.*, pl. LXXII, fig. 5, p. 3 (*Ostrea*).
1861. V. Alberti, *Die Trias*, p. 63.

Dans l'Europe septentrionale, *Terq. spondyloides* se rencontre dans le muschelkalk. Une forme voisine, *Ostrea Montis caprilis* v. Klipst, se trouve dans le trias alpin de Saint-Cassian.

Assise supérieure du trias. Sierra Elvira près Grenade. Rare.

7. **Terebratula** .sp.

Couches à *Myophoria vestita*. Tranchées de Gobantes. 1 exemplaire.

Cette faune, qui se réduit à quatre espèces déterminables, montre que le trias supérieur de la zone subbétique (voir le Mémoire de MM. Bertrand et Kilian) a un caractère plutôt septentrional qu'alpin. Il se relie donc plus au trias de la province de Jaen, décrit par M. Mallada, qu'aux couches de même âge des Alpujarras, où M. Barrois a trouvé des *Megalodon*.

INFRALIAS.

Cet étage ne nous a pas fourni de restes organisés.

LIAS INFÉRIEUR ET MOYEN.

Nous réunissons dans un même chapitre la faune de ces deux étages, le facies uniforme des couches nous ayant empêché de les distinguer d'une façon bien nette.

8. **Belemnites** sp.

Fragments indéterminables.
Zone à *Am. algovianus*. Sierra Elvira (versant d'Atarfe). 1 exemplaire.

Belemnites sp.

Lias moyen à *Ter. Aspasia*. Salinas. Rare.

Belemnites sp.

Probablement le *Bel. acutus*.
Couches à *Arietites*. Sierra de Hachuelo près Montefrio, où les fragments en sont abondants.

9. Lytoceras sp. indét.

Couches à *Am. algovianus.* Sierra Elvira. 1 exemplaire.

10. Phylloceras cylindricum Sow. sp.

Pl. XXV. fig. 3 *a, b.*

1864. V. Hauer, *Heterophyllen d. Oesterr. Alpen*, pl. III, fig. 5 et 6, p. 18.

Nous avons recueilli quatre exemplaires de cette Ammonite dans le lias des Bains d'Alhama. Ils correspondent bien aux figures de von Hauer et leur détermination peut être considérée comme certaine.

Le *Phyll. cylindricum* se rencontre dans les couches de Koessen, d'Hierlatz et d'Adneth (Alpes orientales) et à la Spezzia.

11. Phylloceras sp.

Sierra Elvira.

12. Rhacophyllites lariensis Menegh. sp.

Pl. XXIV, fig. 8 *a, b.*

1867. Meneghini, *Mon. Calc. am.,* pl. XVII, fig. 1 et 2, p. 80.

Cette curieuse espèce est voisine de l'*Am. eximius* Hauer qui a été rangée par MM. Zittel et Sutner dans le sous-genre *Rhacophyllites* où elle se trouve réunie à l'*Ammonites tortisulcatus.* Ses lobes (Men., *loc. cit.,* fig. 2 *d*) sont en effet très analogues à ceux du type du genre (Zittel, *Pal.*, p. 439, fig. 614). Nous l'avons recueillie avec l'*Am. algovianus* à la sierra Elvira.

On cite cette ammonite du toarcien de Piano d'Erba et de l'Apennin.

Des formes voisines (*Am. eximius, Am. mimatensis*) se trouvent à Adneth, Koessen, Hierlatz, à Erba et la Spezzia, à Mende (Lozère).

13. **Arietites ceras** Giebel sp.

1856. V. Hauer, *Ceph. a d. Lias d. Nord. Alp.*, pl. VI, fig. 4-60, p. 25. (Sinémurien et liasien.)

Nous avons comparé nos échantillons à un exemplaire d'Adneth
que possède l'École des Mines; cette comparaison a confirmé notre
première détermination.

Cette espèce est très voisine d'*Arietites Douvillei*, Bayle (Expl.
carte géol., pl. LXXVI).

Avec *Phyll. cylindricum*. Baños de Alhama. Fragments. Un fragment provenant des couches à *Am. algovianus* de la sierra Elvira
peut être également rapporté à cette espèce, qui caractérise le
facies alpin du lias (Adneth, Toscane, etc.) et le sinémurien.

14. **Arietites** cf. **multicostatus** Hauer sp. (*non* Sow.).

P1. XXIV, fig. 2 *a*, *b*.

1856. V. Hauer, *Ceph. Lias*, pl. VII, fig. 7-10.

Espèce du sinémurien et des couches d'Hierlatz.

Nos échantillons ont les côtes plus infléchies en avant et plus
irrégulières que l'exemplaire figuré par von Hauer et provenant
des couches d'Hierlatz. Ils sont tous de petite taille.

Lias à *Ter. Aspasia*. Salinas. Plusieurs exemplaires incomplets.

15. **Arietites** sp.

Fragment d'un *Arietites* voisin d'*Ar. Kridion* Hehl. sp.
Sierra de Hachuelo, près Montefrio.

16. **Arietites** cf. **spiratissimus** Quenst. sp.

1856. V. Hauer, *Ceph. Lias*, pl. III, fig. 1-3.
1867. Quenstedt, *Handb.*, pl. XXVII, fig. 9, p. 18.

Cette forme a été trouvée également en Autriche dans les
couches de Koessen à Enzesfeld.

Fragments. Avec *Am. cylindricus*. Baños d'Alhama.

17. **Hildoceras algovianum** Oppel sp.

Pl. XXIV, fig. 7.

1853. *Am. radians amalthei* Oppel, *Mittl. Lias*, p. 51, pl. III, fig. 1 *a*, *b*.
1858. *Am. algovianus* Oppel, *Pal. Mitth.*, I, p. 137.
1868. *Am. algovianus* Reynès, *Pal. aveyr.*, pl. II, fig. 1.
1868. *Am. ruthenensis* Reynès, *Pal. aveyr.*, pl. II, fig. 4.
1867. non *Am. algovianus* Men., *Mon. calc. am.*, pl. X, fig. 1 et 2.
1867. non *Am. algovianus* Men., *Medolo*, pl. II, fig. 1.
1867. *Am. ruthenensis* Men., *Medolo*, pl. II, fig. 6, 7 et 8.
1885. *Harpoceras algovianum* Haug., *Beitraege Mon. Harp.*, p. 629 (partim).

Cette forme a la carène très accentuée; les sillons qui l'accompagnent sont peu prononcés et la section des tours est plus haute que dans l'espèce suivante.

Nous croyons devoir attribuer cette espèce au sous-genre *Hildoceras* à cause de la flexuosité des côtes qui sont plus droites chez les *Arietites* où elles ne s'infléchissent guère alors qu'au voisinage immédiat de la face ventrale.

Se rencontre en exemplaires identiques aux figures de Reynès, dans des couches inférieures aux bancs à *Am. bifrons*. Nous avons fait figurer un échantillon provenant de la sierra Elvira et remarquable par ses côtes légèrement dirigées en arrière, tendance qui s'accentue, on le sait, dans *Hildoceras retrorsicosta* Opp. sp.

Très abondant à la sierra Elvira avec le *Ter. erbaensis*.

Cette espèce caractérise d'ordinaire la partie supérieure du lias moyen (δ de Quenstedt) dans les régions alpines (Tyrol, environs de Gap [Hautes-Alpes]) et l'Aveyron. Elle se trouve aussi dans le Medolo de la Lombardie. On l'a citée en Sicile dans le toarcien, mais c'est là un fait isolé.

18. **Hildoceras Bertrandi** n. sp.

Pl. XXV, fig. 1 *a*, *b*.

1857. *Am. obliquecostatus* Quenst., *Jura*, pl. XXII, fig. 29 (non 30).
1867-1881. *Am. algovianus* Men., *Mon. calc. am.*, pl. X, fig. 1 et 2.
1867-1881. *Am. algovianus* Men., *Medolo*, pl. II, fig. 1.
1885. *Am. algovianus* Haug., *Beiträge Mon. Harp.*, p. 629 (partim).

Cette forme se distingue de la précédente par une face ventrale plus large, à sillons plus profonds et moins flexueux.

L'échantillon figuré a les tours un peu plus bas que ceux de la Lombardie, ils correspondent bien à la figure donnée par Quenstedt. En outre, les côtes sont moins flexueuses que dans *H. algovianus*. On l'a signalée dans le medolo et le toarcien de Lombardie, dans le lias moyen de la Souabe.

Sierra Elvira. Salinas.

Petites **Ammonites** indéterminables.

Calcaire à Entroques inférieurs aux couches à *Am. algovianus*. Sierra Elvira.

19. **Natica** sp.

On peut faire une ample récolte de grosses Natices dans les tranchées du chemin de fer entre Gobantes et El Chorro où elles forment un banc entier; mais ces coquilles se présentent dans un état de conservation trop déplorable pour être déterminées.

20. **Nerinea** sp.

Même gisement. Abondant.

21. **Pecten (Amulsium) Stoliczkai** Gemm.

1872-1878. Gemmellaro, *Sopra alcune faune*, etc., pl. XXX, fig. 19 et 20.

Espèce des couches à *Pyg. Aspasia* de la Sicile. Calcaire à *Ter. Aspasia*. Salinas.

5

22. **Semipecten (Hinnites) velatus** d'Orb. sp.

1841. Goldf., *Petr. Germ.*, pl. CV, fig. 4.

Cette espèce liasique, à laquelle il faudra peut-être réunir comme variété *Semip.* (*Hinnites*) *aracnoides* Gemm. sp., a été recueillie par nous dans le lias moyen de Villanueva del Rosario.

Empreinte de coquille bivalve.

Lias moyen. Est de Pinos Puente (sierra Elvira).

23. **Spiriferina rostrata** Schl. sp.

1822. *Terebratulites rostratus* Schl., pl. XVI, fig. 4 (partim).
1853. *Spirifer rostratus* Opp., *Mittl. Lias Schw.*, pl. IV, fig. 7.
1851-1855. *Sp. rostratus* Dav., *Brit. lias. Brach.*, pl. II, fig. 1 et 2.

Se rencontre assez abondamment avec *Terebratula Aspasia*, à l'est de la station de Salinas.

24. **Pygope Aspasia** Men. sp., var. **major** Zitt.

Pl. XXIV, fig. 3 *a*, *c*.

1853. Meneghini, *Nuovi fossili toscani*, p. 13.
1869. Zittel, *Appenn.*, pl. XIV, fig. 1-4.
1872-1878. Gemmellaro, *Sopra alc. faune giur.*, etc., pl. XI, fig. 1-3, p. 63.
1880. Capellini, *Brach. d. strati à* T. Aspasia, pl. I, fig. 1 et 2.

Lias à *Spiriferina rostrata*. Salinas.

Cette espèce caractérise le lias moyen en Sicile, en Italie et dans les Alpes orientales. Il est très intéressant de l'avoir retrouvée en Andalousie; nous avons cru devoir figurer le seul échantillon recueilli par nous en Andalousie et appartenant à la variété *major* distinguée par Zittel.

25. **Pygope erbaensis** Suess. sp.

Pl. XXIV, fig. 9 a, b.

1857. *Terebratula incisiva* Stoppani, *Stud. geol. e paleont. sulla Lombardia*, p. 229, 402 et 403.
1857. *Terebratula Villae*, *Ter. longicollis*, *Ter. circumvallata* Stoppani, *Stud. geol. e paleont. sulla Lombardia*, p. 229, 402 et 403.
1863. *Terebratula erbaensis* Suess in Pictet, *Mél. pal. III*, pl. XXXIII, fig. 8.
1867. Meneghini, *Mon. calc. Am.*, pl. XXIX, fig. 6-8, p. 165.
1886. *Terebratula incisiva* Stoppani. De Stefani, *Lias inf. ad arieti*, *Ap. sett.*, pl. I, fig. 1-5 (*Mem. Soc. tosc. d. sc. nat.*, t. VIII, fasc. 7).

Couches à *Am. algovianus*. Atarfe.

Cette espèce se rencontre dans le toarcien de l'Apennin et de la Lombardie ainsi que près de Salzburg (*Ter. longicollis* Stopp.). On la rencontre surtout dans les calcaires inférieurs au toarcien (lias moyen). L'échantillon d'Andalousie se rapporte tout à fait aux figures données par M. Meneghini.

26. **Terebratula punctata** Sow.

1851-1855. Davidson, *A Monogr. of brit. foss. Brach. 3*, pl. VI, fig. 1-6.
1862-1885. Desl., *Pal. fr. Brach. jur.*, pl. XLIII, fig. 4.

Échantillons incomplets pouvant également se rapporter au *Ter. Andleri* Opp. (*loc. cit.*, pl. X, fig. 4).

Salinas.

27. **Terebratula** cf. **Andleri** Opp.

Cette forme appartient au groupe du *Ter. subpunctata*.
Lias à *Pyg. Aspasia*. Salinas.

28. **Zeilleria Partschi** Opp. sp.

Pl. XXIV, fig. 4 a, b.

1861. Oppel, *Ueber die Brachiopoden des unteren Lias.* (*Zeitschrift der deutschen geol. Gesellschaft*, pl. X, fig. 6.)

Cette espèce, qui se rencontre aussi à Hierlatz (Autriche), a été

5.

trouvée par nous à Salinas avec la précédente; elle se rapproche
du *Waldh. Catharinae* Gemm. de Sicile.

29. Rhynohonella Dalmasi Dum.

Pl. XXIV, fig. 6 *a, d.*

1869. Dumortier, III, pl. XLII, fig. 3, 4 et 5.

Cette Rhynchonelle appartient au groupe du *Rh retusifrons* Opp.
(*loc. cit.,* pl. XII, fig. 5); le type est du lias moyen de Privas; elle
se rencontre en beaux échantillons dans les calcaires à *Pyg. Aspasia*
de Salinas.

MM. Nicolis et Parona (*Bull. Soc. geol. ital.,* vol. IV, pl. IV,
fig. 2) viennent de publier une forme (*Rh. Nicolisi* Par.) des
couches à *Am. acanthicus,* qui fait partie du même groupe. (*Retusifrons* Sippe de M. Rothpletz.)

30. Rhynchonella furcillata Theod. sp..

1871. Quenstedt, *Petrefaktenkunde. Brachiop.,* pl. XXXVII, fig. 132 et 137.
1878. Davidson, *Mon. Brit. foss. brach.* suppl. pl. XVIII, fig. 1-4 et suppl.
pl. XXVI, fig. 1-6.

* Nous avons trouvé, dans les éboulis qui entourent les monti-
cules de calcaires blancs des environs d'Illora, un joli exemplaire
de cette espèce si bien caractérisée par ses côtes dichotomes.

31. Rhynchonella cf. Bouchardii Dev.

1871. Quenstedt, *Petrefaktenk. Brach.,* pl. XXXVII, fig. 148. (Lias δ.)
1878. Davidson, *Foss. Brach.,* Suppl. II, pl. XXIX, fig. 19.

Nous rapportons à cette espèce une jeune Rhynchonelle de très
petite taille, recueillie dans les calcaires blancs du lias moyen, à
Villanueva del Rosario.

32. Rhynchonella serrata Sow.

1812-1823. Sow., *Min. conch.*, t. V, pl. 5o3, fig. 2.
1851-1855. Davidson, *Mon. Brit. Brach.*, p. 85, pl. XV, fig. 1 et 2.
1872-1882. Gemmellaro, *Sopra alc. faune*, etc., pl. XI, fig. 24.

Couches à *T. Aspasia*. Salinas.

Cette espèce se rencontre dans les couches à *Pyg. Aspasia* de la Sicile.

33. Rhynchonella triplicata Quenst. sp.

1858. *Rh. variabilis* Oppel, *Juraformation*, § XXV, n° 121.
1871. Quenstedt, *Petrefaktenk. Brach.*, pl. XXXVIII, fig. 176-183. (Lias δ.)

Couches à *Ter. Aspasia*. Salinas.

34. Rhynchonella bidens Phil.

Pl. XXIV, fig. 5 *a, c.*

1829. Phillipps, *Yorkshire*, pl. XIII, fig. 24. (*Terebratula bidens.*)
1871. *Rh. triplicata bidens* Qu., *Petr. Brach.*, pl. XXXVIII, fig. 19. (Lias δ Ohmenhausen.)

Forme du lias moyen de Souabe et d'Angleterre.

Cette espèce pourrait être confondue avec certaines variétés du *Rh. Hoheneggeri* Suess qui ne présentent qu'un pli frontal. Cependant, dans notre forme, les plis sont plus effacés vers le crochet que dans la Rhychonelle du tithonique.

Calcaire blanc du lias moyen. Villanueva del Rosario.

35. Pentacrinus sp.

Lias moyen. Villanueva del Rosario. Sierra Elvira. Éboulis de la sierra Parapanda.

36. **Phyllocrinus aff. alpinus** d'Orb.

Pl. XXV, fig. 2 *a, b*.

1882-1884. De Loriol, *Pal. fr. Terr. jur. Crinoïdes,* pl. XVIII, fig. 2; pl. XIX,
p. 31, 32.

Nous possédons plusieurs calices de cette forme provenant du
lias à *Rh. furcillata* de la sierra Parapanda où elle ne paraît pas
rare. Elle diffère légèrement du *Ph. alpinus* d'Orb. de l'oxfordien
de Chaudon (Basses-Alpes) par des renflements plus aigus des
pièces radiales et des dépressions suturales plus anguleuses.

Cette espèce n'est pas éloignée non plus du *Ph. sabaudianus* Pict,,
du néocomien; mais la forme du calice est plus pyramidale dans
ce dernier.

En résumé, notre *Phyllocrinus* présente les pièces anguleuses du
Ph. Sabaudi et la forme générale du *Ph. alpinus.* Nous n'osons
pas en faire une espèce nouvelle, ces différences nous paraissant
trop secondaires.

L'énumération des espèces du sinémurien et du liasien montre
que ces faunes ont un caractère essentiellement méditerranéen.
Elles rappellent beaucoup les faunes du lias de la Sicile, de l'A-
pennin et des Alpes orientales. Nous remarquerons d'abord un
groupe d'espèces des couches inférieures du lias alpin (Hierlatz-
Adneth, Koessen). Ce sont : *Phyll. cylindricum, Arietites ceras* et
spiratissimus des baños d'Alhama. Les Brachiopodes (*Pygope Aspasia, Spiriferina rostrata, Rhynchonella furcillata, bidens, serrata,
Dalmasi*), abondants dans certains bancs, notamment à Salinas,
caractérisent un facies analogue à celui des couches à *Pyg. Aspasia*
de la Sicile, des Apennins et des Alpes orientales. Enfin le niveau
supérieur du liasien nous a fourni, à la sierra Elvira, une suite de
formes (*Am. algovianus, Am. Bertrandi, Am. retrorsicosta, Pygope
erbaensis*) qui toutes caractérisent la partie supérieure du lias moyen
(Medolo de la Lombardie) et constituent un horizon très constant
dans la région méditerranéo-alpine.

LIAS SUPÉRIEUR.

Le toarcien se montre très fossilifère, surtout au nord de la province de Grenade et à la sierra Elvira.

37. **Belemnites** sp. (Fragment).

Du groupe du *B. subclavatus* Voltz.
Lias supérieur. Noalejo.

38. **Phylloceras** indét.

Pyriteux. Même gisement.

39. **Phylloceras Nilsoni** Hébert.

1866. Hébert, *B. S. g. de Fr.*, 2ᵉ série, t. XXIII, p. 526, fig. 3.

Conforme aux types de la collection de la Sorbonne et provenant de la sierra Elvira (versant oriental).
Échantillons pyriteux recueillis dans un banc supérieur aux couches à *Am. subplanatus* et *bifrons*.

40. **Phylloceras subnilsoni** n. sp.

Pl. XXV, fig. 4 a, b.

1861-1867. *Ph. Nilsoni* Meneghini, *Mon. cal. Am.*, pl. XVIII, fig. 8.

Nous proposons de séparer du *Ph. Nilsoni* Hébert [1] une forme du toarcien de Montefrio provenant de la collection de Verneuil. Cette nouvelle espèce diffère de l'espèce de M. Hébert, dont nous avons le type sous les yeux, par un ombilic plus étroit (on ne distingue pas les tours internes); ce fait est remarquable sur-

[1] *Bull. Soc. géol.*, 2ᵉ série, t. XXIII, p. 526, fig. 3.

tout lorsqu'on compare la forme de Montefrio à la figure de *Ph. Nilsoni* donnée par M. Vacek. (*Ool. de San Vigilio*, pl. IV, fig. 2.)

M. Vacek (p. 67) fait, du reste, lui-même la remarque que les échantillons de Meneghini et un des individus du cap San Vigilio possèdent un ombilic plus étroit que la forme type, ainsi que des sillons plus nombreux et une ouverture moins comprimée latéralement.

Les sillons sont en outre, chez le *Ph. subnilsoni*, beaucoup plus infléchis en avant dans la partie voisine de l'ombilic; enfin les lobes (pl. XXV, fig. 4 *b*), quoique très analogues à ceux de la forme lombarde, ne sont pas identiques. (Neumayr, *Phylloceraten*, pl. XII, fig. 4.)

Dans notre forme les sillons, plus arqués en avant que dans *Ph. Nilsoni*, sont au nombre de cinq par tour de spire; vers le tiers externe des flancs, ils semblent s'effacer un moment pour reprendre ensuite. Cette apparence, indiquée dans notre figure 4 *a*, est due à un élargissement local du sillon qui décrit là une légère inflexion.

Ph. connectens Zittel a des bourrelets sur la région siphonale et un nombre plus grand de sillons.

Ph. Capitanei Catullo possède un plus grand nombre de sillons disposés d'une façon moins régulière.

Ph. ausonium Meneghini est moins embrassant; l'ombilic est plus grand et les sillons ont une forme différente.

Gisement : lias supérieur de Montefrio.

1 exemplaire (coll. de Verneuil).

41. Hildoceras Mercati v. Hauer sp.

1856. V. Hauer, *Ceph. Lias N. O. Alpen*, pl. XXIII, fig. 4-10.
1874. Dumortier, *Lias supérieur*, pl. XV, fig. 3 et 4.
1885. Haug., *Beitræge*, p. 637.

Montillana, sierra Elvira.

Forme du toarcien de l'Italie et des régions alpines.

42. **Hildoceras Bayani** Dum. sp.

1874. Dumortier, t. IV, pl. XII, fig. 7 et 8.
1867-1887. Meneghini, *Monogr. calc. Am.*, pl. VII, fig. 1 et 2. (*Harp. comense.*)
1885. Haug., *Beitræge*, p. 635.

Montillana.

43. **Hildoceras bifrons** Brug. sp.

1842-1849. d'Orbigny, *Ceph. jur.*, pl. LVI.
1867-1881. Meneghini, *Mon. calc. Am.*, pl. I, pl. II, fig. 5.
1885. Haug., *Beitræge*, p. 640.

Cette espèce est très abondante dans les calcaires marneux de la sierra Elvira, de Montillana et de las Hoyas. Elle présente toutes ses variétés; parmi les nombreux échantillons que nous avons recueillis, la forme la plus fréquente est celle qu'a figurée M. Meneghini (*loc. cit.*, pl. I et pl. II, fig. 5) et qui, par ses côtes fines, s'écarte notablement du type français. Nous remarquerons également que, dans nos exemplaires, la région ventrale est moins large que dans le type et le canal plus rapproché de l'ombilic.

Toscane, Piano d'Erba, Apennins centrales, Spezzia; couches d'Adneth.

44. **Hildoceras Levisoni** Simpson sp.

1874. Dumortier, *Lias supérieur*, pl. IX, fig. 3 et 4.
1867-1881. *Harp. bifrons*, Menegh., *loc. cit.*, pl. II, fig. 1-4.
1885. Haug., *Beitræge*, p. 641.

Nous l'avons trouvé associé à l'*Am. bifrons*, au pied oriental de la montagne de las Hoyas, au S. O. de Loja. Sierra Elvira. (Avec *Am. bifrons*).

45. **Hildoceras** sp., du groupe de **H. Bayani** Dum.

Lias supérieur. Ouest de los Buques, Sierra Elvira.

46. Harpoceras bicarinatum Ziet. sp.

1867. Reynès, *Mon. Am.*, pl. V, fig. 18-30.
1885. Haug., *Beitræge Mon. Harp.*, p. 627.

Lias supérieur. Sierra Elvira.

47. Harpoceras subplanatum Opp. sp.

1846. (*Am. complanatus* d'Orb.), *Pal. fr. Céph. jur.*, pl. CXIV, fig. 1, 2 et 4.
1874. Dumortier, *Lias supérieur*, pl. X.
1885. Haug., *Beitræge*, p. 619.

Assez commune à la sierra Elvira, où cette espèce semble occuper un niveau supérieur à celui du *Hild. bifrons*.

On la connaît d'Adneth, des couches rouges de la Toscane, de la Lombardie et du toarcien extra-alpin. (Bassin du Rhône et Aveyron.)

48. Harpoceras radians Rein. sp.

1818. Reinecke, *Mar. protog.*, etc., fig. 39 et 40.
1885. Haug., *Beitræge*, p. 613.

On connaît l'âge de cette espèce dans les pays du nord de l'Europe; on l'a rencontrée en outre dans les couches d'Adneth et dans les Fleckenmergel (Alpes orientales), dans les couches rouges de la Toscane, l'Apennin central, la Suisse, les Carpathes, etc.

Avec *Am. bifrons*. Sierra Elvira.

48 bis. Harpoceras sp.

Lias supérieur. Sierra Elvira.

49. Hammatoceras insigne Schübl. sp., var. 2 et 4.

1867-1881. Meneghini, *Monogr.*, pl. XIII, fig. 2; pl. XIV, fig. 1 et 2.
1874. *Hammatoceras insigne* Schübl. sp. var. 4 (Haug.); *vide* Dum, pl. XVII, fig. 4 et 5.
1885. Haug., *Beitræge*, p. 647.

Forme à ornements grossiers. Zegri.

Nous avons recueilli deux échantillons de cette espèce (var. 2 et 4 de M. Haug.) dans les calcaires marneux rouges à *Am. bifrons* qui affleurent le long de la route de Grenade à Jaen, entre la venta de las Navas et Zegri.

50. Lillia Lilli Hauer sp.

1856. *Ammonites Lilli* v. Hauer, *Ceph. Lias N. O. Alpen*, p. 40, pl. VIII, fig. 1-3.
1885. (?) *Hildoceras Lilli* Haug., *Beitræge*, p. 632.

Un exemplaire. Zegri, au N. E. de Grenade.

51. Coeloceras crassum Phil. sp.

1867-1881. Meneghini, *loc. cit.*, pl. XVI, fig. 2.

Lias supérieur de Montillana. Zegri.

52. Coeloceras commune Sow. sp.

1874. Dumortier, t. IV, pl. XXVI, fig. 1 et 2.

Lias supérieur. Zegri.

53. Coeloceras mucronatum d'Orb. sp.

1846. D'Orbigny, *Pal. Fr. Céph. Jur.*, pl. CIV, fig. 4-8.
1874. Dumortier, t. IV, pl. XXVIII, fig. 3 et 4.

Lias supérieur. Zegri. Deux exemplaires.

Il résulte de l'étude des espèces contenues dans le toarcien de l'Andalousie que la faune du lias supérieur des environs de Grenade est en tous points identique à celle des couches équivalentes bien connues (*Ammonitico rosso*, p. parte) de la Lombardie (Piano d'Erba, etc.) dont M. Meneghini a fait une si intéressante monographie. Les mêmes espèces se retrouvent dans la péninsule italienne, aux environs de Rome (Monticelli) et de Tivoli, ainsi qu'en Sicile.

On a vu dans la partie stratigraphique de ce mémoire qu'à la sierra Elvira, près de Grenade, il était possible de discerner plusieurs niveaux dans le toarcien.

Il serait intéressant de voir si dans le reste de la zone subbétique les Ammonites suivent le même ordre d'apparition.

DOGGER.

Le dogger se confond presque partout avec le reste des couches jurassiques. Cependant nous avons récolté quelques espèces dont la présence rend désormais indiscutable l'existence du jurassique moyen en Andalousie.

54. Belemnites sp.

Couches à *Heligmus polytypus.* El Chorro.

54 *bis.* Harpoceras Murchisonae Sow. sp.

1874. Dumortier, *Lias supérieur,* pl. LI, fig. 3 et 4.
1881. Haug., *Beitræge,* p. 686. (*Hildoceras.*)

Cette Ammonite se trouve dans des calcaires marneux de couleur grise à la sierra Elvira et à Montillana.

Elle s'y présente sous sa forme typique. (Figure citée de Dumortier.)

Nous en avons recueilli plusieurs exemplaires.

54 *ter.* Harpoceras (Ludwigia) sp.

Avec *Posidonia alpina.* Las Hoyas.

55. Stephanoceras Humphriesi Sow. sp.

1812-1823. Sow., *Min. Conch.*, pl. D, fig. 6.

Nous possédons un exemplaire de *Stephanoceras* en mauvais état que M. Munier-Chalmas rapporte à cette espèce. Il provient des dalles grisâtres qui surmontent, à la sierra Elvira, les couches à *Am. Murchisonae*.

55 *bis*. Stephanoceras (?).

Fragment mal conservé et indéterminable. Bajocien. Sierra Elvira.

56. Posidonomya alpina Gras.

1836. Non *Pos. Buchi* Roemer, *Oolithengeb.*, pl. IV, fig. 18.
1852. A. Gras., *Catal. corps organisés, fossiles de l'Isère*, pl. I, fig. 1.
1858. *Pos. opalina* Quenst., *Jura*, pl. XLV, fig. 11.
1852-1858. *Pos. ornati* Quenst., *Handb.*, 2ᵉ édition, pl. LIII, fig. 16. Quenst, *Jura*, pl. LXXII, fig. 29.
1858. *Pos. Parkinsoni* Quenst., *Jura*, pl. LXVII, fig. 27.
1861-1863. *Pos. calloviensis* Oppel, *Ueber der Vork. von Posid.*, etc. *Zeitschr. der deutschen geol. Ges.*, t. XV, p. 200, *Bronn's Iahrb.*, 1861, p. 675.
1876. *Posidonomya alpina* de Tribolet[1], *Journal de Conchyliologie*, p. 249.
1881. *Pos. Buchi* Steinmann (*pro parte*)[2], *Jura, v. Caracoles*, p. 256, pl. X, fig. 2.
1872-1882. *Posidonomya alpina* Gemmellaro, *Stud. sopra alc. faune*, etc., pl. XIX, fig. 10 et 11; pl. XX, fig. 4.
1881. Non *Pos. cf. ornati* Steinmann, *Caracoles*, pl. X, fig. 4.

M. de Tribolet a donné une diagnose qui nous dispensera de revenir sur les caractères de cette espèce. Nous ajouterons seule-

---

[1] De Tribolet, Note sur le genre *Posidonomya* et en particulier sur les *P. alpina* Gras et *P. ornati* Quenst., suivie d'une liste des Posidonomyes jurassiques.(*Journal de Conchyliologie*, 3ᵉ série, XXVI, n° 3, p. 247, 1876.)

[2] G. Steinmann, *Zur Kenntniss der Jura- und Kreideformation von Caracoles (Bolivia)*. *Neues Jahrbuch*, I, Beilage-Band, 1881.

ment à sa synonymie *Posidonomya opalina* Quenstedt qui doit lui être évidemment réunie.

Le nombre et la grosseur des côtes varient considérablement, ainsi que l'ont du reste indiqué presque tous les auteurs; cependant nous ne pouvons adopter l'avis de M. Steinmann qui met en synonymie de *Pos. alpina* le *Pos. Buchi* Roemer qui a des stries fines au lieu de côtes concentriques. Par rapport à la disposition de la ligne cardinale, ces deux espèces doivent également être séparées; cette ligne est beaucoup plus droite et plus allongée dans le type de M. Roemer. M. Steinmann a, du reste, représenté (*loc. cit.*, pl. X, fig. 2) sous le nom de *P. Buchi* un exemplaire à grosses côtes du véritable *P. alpina* de Brentonico (Tyrol). *Pos.* cf. *ornati* Steinmann, fig. 4, a le côté postérieur moins arrondi que le type, la ligne cardinale est plus droite et la forme générale *plus rectangulaire* que dans *P. alpina;* les crochets sont plus proéminents et les côtes plus fortes; nous proposerons pour cette espèce (*Pos.* cf. *ornati* Steinmann, pl. X, fig. 3 et 4) le nom de **Posidonomya Schimperi**, n. sp.; elle provient du callovien de Caracoles (Bolivie). Quant aux figures 5 et 5′ de M. Steinmann, quoique plus finement striées, elles paraissent par leur forme générale et par leur ligne cardinale droite, se rapprocher davantage du *Pos. Schimperi*, n. sp. que du *Pos. alpina.*

M. Gemmellaro a figuré des exemplaires du *Pos. alpina* (pl. XX, fig. 5) dont les côtes sont plus fines que celles de notre forme. MM. Nicolis et Parona la signalent dans les couches à *Am. transversarius* du Véronais. La forme répandue dans les schistes des Alpes dauphinoises et provençales a également les côtes un peu plus fines que les échantillons d'Espagne et du Tyrol.

Le *P. alpina* possède une grande extension verticale; c'est une espèce répandue. On la trouve dans les schistes à Lucines de Gueymard (callovien), à Mens et à la Fontaine ardente (Isère) avec *Am. coronatus* Brug., *Am. lunula* Ziet., *Am. tripartitus* Rasp., *Am. Bakeriae* Sow., *Am. plicatilis* Sow. (d'après M. Lory). M. Vélain a rapporté des plaquettes couvertes de *Pos. alpina* de l'oolithe inférieure des environs de Digne. En Sicile, on la rencontre abondamment dans les couches à *Am. macrocephalus* (Légende de la carte géologique de Sicile). On la connaît aussi en échantillons typiques du callovien de la Voulte (coll. de la Sorbonne), ainsi que de l'Angleterre, de Christian-Malford (Wiltshire), de la Westphalie et du Wurtemberg (Gammelshausen).

A Bayeux, cette espèce se trouve dans les couches à *Am. Humphriesi* (coll. de la Sorbonne et de l'École des Mines).

De plus, le *Posidonomya alpina* doit être considéré, ainsi que l'a montré Oppel, comme une des coquilles les plus caractéristiques du dogger alpin; on trouve ce fossile répandu dans les couches de Klaus depuis les Alpes françaises (Digne, Saint-Geniez, etc.) jusqu'aux Portes de Fer (Swinitza); dans les Alpes bernoises (Alpe d'Iselten), elle se rencontre dans les couches à *Am. Murchisonae*, d'après M. de Tribolet. On la cite encore de la Klaus Alpe près Halstadt, de Brentonico (Tyrol) de Fuessen, etc.

En résumé, c'est une espèce qui paraît avoir vécu depuis l'époque de l'*Am. opalinus* (*P. opalina* Qu.) jusqu'au callovien. Elle ne dépasse pas l'étendue de ce que les Allemands appellent dogger ou Jura brun et se rencontre particulièrement dans les régions alpine et méditerranéenne.

Occupe un banc supérieur de quelques mètres au toarcien à *Am. bifrons*. Las Hoyas.

Notre forme est identique aux échantillons de Brentonico que possède l'École des Mines. Les côtes sont assez grosses dans nos échantillons; la forme est bien celle du *P. alpina* Gras., malgré la différence de grosseur des côtes qui, dans les types de Gras que nous avons examinés à Grenoble, sont un peu plus fines.

57. Heligmus polytypus Desl.

1857. Deslongchamps, *Nouvelles Observations sur le genre* Eligmus, fig. 4.

Avec *Rh. varians*. Tranchées du chemin de fer près d'El Chorro.

L'*Heligmus polytypus* caractérise le bathonien de la Provence (Gazaille, près Bandol [Var]), de la Normandie et de la Galicie.

58. Rhynchonella cf. varians Schl. sp. (var. oolithica Haas).

1882. Haas, *Brach. Juraf. Els. Loth.*, pl. XVIII, fig. 5-9; pl. VI, fig. 11-15.

Ce joli Brachiopode remplit un banc de calcaire, non loin de la station d'El Chorro où il est associé à *Heligmus polytypus* Desl.

Nos échantillons reproduisent bien les formes figurées par M. Haas; mais l'état insuffisant de leur conservation nous empêche de considérer cette assimilation comme absolue. En tous cas, c'est l'espèce dont se rapproche le plus la forme d'Andalousie.

58 bis. Rhynchonella sp.

Couches à *Heligmus polytypus*. El Chorro.

59. Terebratula cf. circumdata E. Desl.
Pl. XXV, fig. 5 a, b.

1863-1877. E. Deslongchamps, *Pal. fr. Brach. jur.*, pl. 131, fig. 4-7.

C'est de cette forme qu'il faut rapprocher une Térébratule (pl. XXV, fig. 5 a, b) dont nous ne possédons qu'un exemplaire incomplet. Cet échantillon est néanmoins assez bien caractérisé par la forme globuleuse de sa petite valve, la grosseur de son crochet et le sinus frontal médian de la grande valve. On remarque l'indice d'une dépression du lobe médian de la petite valve correspondant à ce sinus. La forme figurée se rapproche également du *Ter. Etheridgei* Dav. (Davidson, *Mon. brit. foss. brach.*, I, Appendix, pl. A, fig. 7 et 8; Deslongchamps, *Pal. fr.*, pl. LXVI, fig. 7 et 8), espèce moins allongée et plus globuleuse. On pourrait aussi la rapporter à certaines variétés du *Ter. intermedia* Quenst. (*Der Jura*, pl. LVII, fig. 28, par exemple). Du reste, l'espèce est sujette à beaucoup varier, à en juger par les diverses figures qu'en a données M. Deslongchamps (pl. CXXXI).

L'absence d'un pli médian nous empêche de rattacher notre forme au *T. globata*.

M. Rothpletz a représenté sous le nom de *Ter. adunca* (*Vilser Alpen*, pl. I, fig. 15-18) une forme assez voisine de la nôtre. *Ter. circumdata* est une espèce bathonienne.

Outre l'*Am. Murchisonae* et l'*Am. Humphriesi*, espèces franche-ment bajociennes, la présence de *Posidonomyia alpina* et de *Heligmus polytypus* est significative. La première de ces espèces caractérise les couches de Klaus, si bien développées dans les Alpes orien-tales, la Sicile et l'Apennin; la seconde forme un banc dans le bathonien du département du Var.

Le dogger de l'Andalousie méridionale offre donc les mêmes ca-ractères que le lias et le jurassique supérieur; il se relie intime-ment aux dépôts de même âge des Alpes et de la dépression tyrrhé-nienne.

JURASSIQUE SUPÉRIEUR.

De même que le jurassique moyen, le jurassique supérieur ne présente pas de gisements bien fossilifères dans la région étudiée par nous. Aussi la liste des espèces sera-t-elle assez courte.

60. Belemnites (Hibolites) sp.

Torcal alto.

61. Phylloceras aff. saxonicum Neum.

1871. Neumayr, *Jurastudien*, pl. XIV, fig. 1 et 2.

C'est au *Phylloceras saxonicum* que paraissent se rapporter deux exemplaires mal conservés que nous avons recueillis au Torcal alto. Les lobes se rapprochent beaucoup de ceux de l'espèce de M. Neumayr; la forme comprimée de la coquille et les traces de sillons que l'on découvre près de l'ombilic viennent à l'appui de notre détermination.

7

62. **Phylloceras** sp.

Un exemplaire appartenant au groupe des *Phill. Kunthi* Neum. et *isotypum* Ben. Torcal alto.

63. **Rhacophyllites Loryi** Munier-Chalmas sp. *in litt.*

Pl. XXVII, fig. 3 *a, b.*

1871. Gemmellaro, *Faun. C. à T. janitor,* pl. X, fig. 1, p. 49. (*Am. tortisulcatus.*)
1875. *Am. Loryi* Hébert, *Bull. soc. géol. de France,* 1875, 3ᵉ série, t. III, p. 388.
1875. (?) Pillet et de Fromentel, *Lémenc.,* pl. V, fig. 3-5.
1876. *Am. Silenus* Fontannes et Dumortier, *Crussol,* pl. XV, fig. 2.
1877. *Am. Silenus* Gemmellaro, *Sopra alc. f. giur.,* pl. XVI, fig. 1-3.
1877. *Am. Loryi* Favre, *Z. à A. acanthicus,* pl. I, fig. 14 et 15, p. 19.
1879. *Phylloceras Silenus* Fontannes, *Calc. du château,* pl. I, fig. 6.

En 1875, M. Hébert désigna sous le nom d'*Am. Loryi,* Mun.-Ch. une ammonite publiée par M. Gemmellaro sous le nom d'*Am. tortisulcatus,* en 1871. M. Gemmellaro dit dans sa diagnose, donnée en 1877, que la présence des sillons dans les jeunes échantillons de cette espèce *n'est pas constante.* Il en résulte donc que la forme de Sicile est réellement distincte de *Rh. tortisulcatus,* que M. Hébert a eu raison de lui appliquer le nom d'*Am. Loryi,* et que cette dénomination doit être conservée et remplacer celle de *Rh. Silenus,* de Fontannes et Dumortier.

L'échantillon tithonique que nous représentons offre une très grande analogie avec la forme de Crussol figurée en 1879 par Fontannes sous le nom d'*Am. Silenus;* c'est sûrement la même espèce.

On voit que les lobes (pl. XXVII, fig. 3 *a*) sont bien ceux d'un *Rhacophyllites* (Zittel, *Handbuch,* t. I, 2, fig. 614, p. 439).

Nous répétons ici que cette espèce, facile à distinguer de *Rh. tortisulcatus* (voir les nombreuses diagnoses qui en ont été données) a été souvent confondue avec elle; nous doutons même

fort que le vrai *Rh. tortisulcatus* se trouve plus haut que la zone
à *Am. tenuilobatus.*

Cette forme se rencontre dans les couches *Am. acanthicus* et
tenuilobatus de Lémenc et des Alpes suisses. On la retrouve dans
le tithonique. En France, *Rhac. Loryi* caractérise les couches à
Waagenia Beckeri [1] (calcaires massifs) et le tithonique inférieur
du S.-E.

Gisement : Malm. Torcal alto. Assez abondant.

64. **Haploceras** cf. **Fialar** Oppel sp.

1862. Oppel, *Pal. Mitth.*, pl. LIII, fig. 6 *a-e.*
1878. De Loriol, *Baden*, pl. II, fig. 3-5.

Couches à *Asp. hominale.* Torcal alto.

65. **Haploceras** sp.

Torcal alto.

66. **Oppelia Holbeini** Opp.

1879. Fontannes, *Calc. du château*, pl. V, fig. 3.

La collection de Verneuil renferme un échantillon de cette espèce qui paraît provenir des mêmes assises que l'*Am. bimammatus.*
Il porte l'indication Cabra. Cette ammonite existe dans la zone à *Am.
acanthicus* et dans le tithonique inférieur du Tyrol, des Karpathes, de la Sicile. On la rencontre aussi dans les couches à *Am.
tenuilobatus* et à *Am. Eudoxus* des régions extra-alpines.

67. **Aptychus** lamelleux.

Dans un calcaire blanc grisâtre. Descente d'Illora.
Aptychus du groupe de l'*A. punctatus* Voltz.
Calcaire blanc. Col de Zaffaraya.

[1] Voir *Ann. des sc. géol.* t. XIX, p. 131.

7.

68. **Perisphinctes regalmiciensis** Gemm.

1872-1882. Gemmellaro, *Sopra alc. faune,* etc., pl. XX, fig. 14.

Cette espèce, voisine de *Per. Navillei* Fabre, auquel elle devra probablement être réunie, a été rencontrée dans la zone à *Am. transversarius,* de Monte Erice (Sicile); elle se retrouve dans le Véronais au même niveau.

Am. Navillei se rencontre dans les couches à *Am. bimammatus* des Alpes fribourgeoises et des environs de Sisteron (Basses-Alpes).

Torcal alto.

69. **Perisphinctes Airoldii** Gemm.

1872-1882. Gemmellaro, *Sopra alcune faune,* etc., pl. XIII, fig. 3.

Cette forme, dont nous n'avons trouvé qu'un exemplaire, est également voisine du *Per. Lucingae* (Favre, *Voirons*, pl. III, fig. 4). On la cite de la zone à *Am. transversarius* des environs de Palerme.

Torcal alto.

70. **Perisphinctes** sp.

Casita de los Picapadreros. Descente à l'Est du Torcal.

Genre SIMOCERAS.

Le groupe des *Perisphinctes,* si éminement caractéristique du jurassique supérieur, commence à donner naissance dans la zone à *Asp. acanthicum* (et *Waagenia Beckeri*) à des séries de formes aberrantes dont la plus remarquable est celle des *Simoceras.* On ne connaît avant cette époque que de très rares représentants de ce sous-genre. Notre ami M. Haug nous a montré une ammonite callovienne provenant de la zone à *Reineckeia anceps* de Liffol-le-Petit, qui pourrait se rattacher aux *Simoceras.*

Mais c'est dans les couches à *Am. acanthicus* qu'a lieu le maximum de développement du groupe, avec les *Simoceras Doublieri, Herbichi, Sartoriusi, teres, heteroplocum, favaraense,* et d'autres dont M. Gemmellaro a si bien étudié les rapports.

Les *Simoceras* comptent encore des représentants d'un type un peu différent des précédents, il est vrai, dans le tithonique inférieur (*S. volanense, S. lytogyrum, S. biruncinatum,* etc.) et le tithonique supérieur n'en a fourni jusqu'à présent que de très rares échantillons.

La présence au Torcal de *Simoceras* du premier groupe nous semble décisive pour classer ces couches dans la zone à *Am. acanthicus.*

71. Simoceras sp.

Jeune exemplaire appartenant peut-être au *Sim. contortum* Neum. Torcal alto.

72. Simoceras torcalense nov. sp.

Pl. XXV, fig. 6 *a, b.*

C'est incontestablement notre espèce que M. de Orueta a représentée (*Quart. Journ. geol. soc.,* vol. XXVII, pl. V, fig. 1) sous le nom d'*Am. Achilles,* provenant du Torcal.

On pourrait la confondre avec *Sim. planicyclum* Gemm. si les côtes de notre forme n'étaient plus fines. Elle se rapproche aussi du *Sim. contortum,* mais les tours sont plus aplatis, les côtes plus espacées et non bifurquées; le *Sim. contortum* est en outre plus enroulé. Le *Sim. Herbichi* (v. Hauer) a les côtes plus épaisses et moins nombreuses que notre espèce, qui se distingue du *Sim. teres* Neumayr par une moindre épaisseur des tours. *Simoceras heteroplocum* Gemm. a des côtes bifurquées, ainsi que *Sim. favaraense* Gemm. *Sim. torcalense* se rapproche également du *Sim. Sartoriusi* Gemm., mais s'en distingue par l'absence de constrictions.

M. Favre (2 à *Am. ac.*, pl. VI, fig. 1) a figuré sous le nom de *Sim. teres* Neum. une espèce qui a de grandes analogies avec la nôtre.

Enfin cette forme a des rapports très intimes avec le *Sim. agrigentinum* tel que l'a représenté M. Favre (*loc. cit.*, pl. V, fig. 6, 7), mais notre échantillon ne présente que de *très rares* côtes bifurquées. Dans l'adulte, les côtes deviennent plus fortes et tendent à se renfler vers la face ventrale où elles s'effacent (fig. 6 *b*). La figure de M. Favre a de plus les tours plus arrondis que notre échantillon.

Fontannes (*Crussol*, pl. XI, fig. 10) a donné sous le nom de *Sim. Herbichi* une forme également voisine de la nôtre.

Les lobes paraissent identiques à ceux de *Sim. agrigentinum* Gemm.

Couches à *Asp. hominale.* Torcal alto.

73. Simoceras cf. agrigentinum Gemm.

Pl. XXVI, fig. 1 *a, b.*

1872-1882. Gemmellaro, *Sopra alcune faune*, etc., pl. VI, fig. 7-8.

Malgré le petit nombre des constrictions, nous croyons pouvoir rapporter à cette espèce l'échantillon figuré pl. XXVI, fig. 1.

On connaît le *Simoceras agrigentinum* de l'horizon de l'*Am. acanthicus* de Sicile et de Châtel-Saint-Denis (Alpes vaudoises).

Cabra (coll. de Verneuil).

74. Peltoceras bimammatum Qu. sp.

Pl. XXVI, fig. 3 *a, b.*

1858. Quenstedt, *Der Jura*, pl. LXXVI, fig. 9.
1876. Favre, *Oxfordien des Alpes fribourgeoises*, pl. III, fig. 10.

La collection de Verneuil nous a fourni un exemplaire de cette espèce portant comme indication de provenance : Cabra.

La gangue, un peu plus rouge que celle des fossiles tithoniques, est la même que le calcaire qui englobe les échantillons de *Peltoceras Fouquei.* Nous verrons que ces derniers se rapportaient à une Ammonite plus ancienne que l'*Am. transitorius*, et nous pensons que de Verneuil a recueilli ces deux espèces dans des couches inférieures au Tithonique.

Il nous a paru utile de faire figurer l'*Am. bimammatus;* c'est le seul exemplaire d'Andalousie que nous connaissions.

Cabra (coll. de Verneuil).

75. Peltoceras Fouquei n. sp.

Pl. XXVI, fig. 2 *a, b.*

1872-1882. Gemmellaro, *Sopra alcune faune,* etc., pl. XIII, fig. 1, 2; pl. XXI, fig. 16. (*Peltoceras transversarium.*)

1871. *Ammonites* sp. De Orueta, *Quart. Journ.,* t. XXVII, pl. V, fig. 2.

Sous le nom de *Peltoceras Fouquei,* nous croyons devoir séparer du *Peltoceras transversarium* Qu. sp. (*Toucasi* d'Orb.), une espèce de Cabra de laquelle nous rapprocherons une forme figurée sous ce nom par M. Gemmellaro et fort distincte de l'espèce oxfordienne classique.

Le *Pelt. Fouquei* (d'Andalousie) a les côtes moins nombreuses, plus droites, tuberculeuses. Ces côtes sont aussi beaucoup moins fortement dirigées en arrière que celles de *Pelt. transversarium.* Elles partent deux à deux de tubercules placés autour de l'ombilic (21 sur le dernier tour), et vont chacune former, avant de passer sur la région ventrale, un second renflement (41 sur le dernier tour), moins accentué que ne le sont les tubercules ombilicaux. Les côtes tendent à s'atténuer vers le milieu des flancs; elles passent sans s'infléchir (fig. 2 *b*), ni s'interrompre sur la région ventrale qui es un peu aplatie, ce qui donne à l'ouverture une forme de trapèze. Les flancs s'abaissent brusquement vers l'ombilic en donnant lieu à une surface lisse.

Le dernier tour occupe à peu près le tiers du diamètre entier.

DIMENSIONS D'UN ÉCHANTILLON DE CABRA (COLL. DE VERNEUIL).

Diamètre de l'ombilic.....................	39 millim.
Diamètre total........................	90
Hauteur de l'ouverture...................	34
Largeur........................ (environ)	30

La forme décrite par M. Gemmellaro sous le nom de *Peltoceras transversarium* et que nous rapportons au *Pelt. Fouquei* provient des couches à *Am. transversarius* de Sicile.

Nous avons vu dans la collection de l'université de Strasbourg un échantillon de cette espèce trouvé dans les couches à *Am. transitorius* de Torri, près du lac de Garde. Nous l'avons également rencontrée à l'état de fragments à Séderon (Drôme), dans le tithonique inférieur. M. Welsch l'a récoltée également en Algérie, à Tiaret.

D'autre part, l'un des échantillons que nous a fournis la collection de Verneuil provient du Torcal près d'Antequera, où le tithonique proprement dit n'est pas très fossilifère. Il y a donc des chances pour que ces fossiles aient été recueillis dans des assises inférieures au tithonique. L'autre exemplaire porte la mention *Cabra*, et sa gangue indique qu'il a été extrait des mêmes couches que le *Pelt. bimammatum* dont nous avons parlé plus haut.

On peut conclure de ces faits que le *Pelt. Fouquei* se rencontre, en Andalousie, à un niveau inférieur à celui du tithonique. Nous y voyons une forme dérivée de l'*Am. transversarius;* ce dernier représenterait le type ancestral plus ancien de notre espèce.

Malm. 2 ex. (coll. de Verneuil, moulage à la Sorbonne). Torcal, Cabra.

76. **Aspidoceras hominale** E. Favre.

1877. E. Favre, *Voirons,* pl. IV, fig. 4-5.

Ce n'est pas sans réserves que nous attribuons à cette espèce une Ammonite, très voisine de l'*Asp. acanthicum,* que nous avons recueillie au Torcal alto. Les tubercules de notre échantillon sont plus marginaux que ceux de l'*Asp. acanthicum.*

L'*Asp. hominale* caractérise les couches à *Am. acanthicus.*

77. **Aspidoceras** sp.

Échantillon mal conservé ressemblant beaucoup à l'*Asp. Hay-*

naldi Neum. (C. à *Acanth.* pl. XLII, fig. 3), mais dont l'état défectueux ne permet pas de préciser la détermination.

Malm. Torcal alto.

78. Aspidoceras.

1871. De Orueta, *Quart. Journ. geol. soc.*, vol. XXVII, pl. V, fig. 3 (*Am. perarmatus* Sow., var. *catena* d'Orb.).

L'échantillon qui a servi de type à cette figure et qui vient du Malm du Torcal paraît avoir été en très mauvais état. On ne peut, d'après le seul examen de la figure, que rapprocher cette forme de l'*Asp. nobile* Neumayr et de l'*Asp. eucyphum* Opp. sp.

79. Rhynchonella cf. subvariabilis Dav.

1858. Suess, *Brach. Stramb.*, pl. V, fig. 20.

Nous croyons pouvoir rattacher à cette espèce une Rhynchonelle recueillie dans les calcaires blancs à *Hemicidaris crenularis* au-dessus du Cortijo de Guaro.

80. Nerinea.

Très fréquentes en sections indéterminables dans les calcaires blancs coralligènes. Col de Zaffaraya, Torcal, sierra de Abdalajis, etc.

81. Hemicidaris crenularis Lam.

M. Cotteau a eu l'obligeance de déterminer les fragments de radioles de cet oursin, qui proviennent des calcaires blancs du col de Zaffaraya.

82. Calamophyllia flabellum Blainv.

1880-1885. Koby, p. 182, pl. LIII, fig. 1-5; LIV, fig. 1.

Nous avons recueilli au pied de la montagne du Torcal un gros

8

polypier que M. Koby a bien voulu déterminer. Il appartient, comme on voit, à l'une des espèces les plus fréquentes du Jurassique supérieur (corallien-ptérocérien).

Pied du Torcal (route d'Antequera à Malaga).

La faune du Malm de l'Andalousie mérite d'être étudiée; nous sommes persuadé que l'on ne tardera pas à y découvrir les principaux horizons connus dans les régions voisines. Pour le moment, nous pouvons affirmer qu'il existe dans les chaînes subbétiques:

1° La zone à *Am. transversarius*, d'après les échantillons que contient la collection de M. Orueta à Malaga (*Am.* cf. *perarmatus*) et ceux de la collection de Verneuil;

2° La zone à *Am. bimammatus*, d'après un échantillon de ce fossile rapporté de Cabra par M. de Verneuil;

3° La zone à *Am. acanthicus*, découverte par M. Bertrand et par nous au Torcal alto avec ses *Simoceras* caractéristiques, *Asp. hominale* (forme très voisine de *Asp. acanthicum*), *Rhac. Loryi*, *Phyll. saxonicum*, etc.

C'est là une composition analogue à celle du Malm de Sicile, si bien étudié par M. Gemmellaro.

Le Jurassique supérieur de l'Andalousie rappelle aussi celui des Alpes fribourgeoises tel que nous l'ont fait connaître les excellentes monographies de MM. E. Favre et Gilliéron; enfin, il se rattache également à celui de certaines parties des Alpes françaises (environs de Sisteron [1], etc.).

TITHONIQUE.

83. Sphenodus Virgai Gemm.

Tithonique. Loja.

---

[1] Voir à ce sujet Kilian, *Description géologique de la montagne de Lure*. Paris, G. Masson, 1888.

84. Belemnites (Hibolites) Conradi n. sp.

Pl. XXVI, fig. *a, b.*

1868. *Bel.* cfr. *semisulcatus* Zittel, *Stramberg*, pl. I, fig. 8. (Non Münster.)

Nous séparons cette espèce du *Bel. semisulcatus* Münster, cité à Cabra par M. Mallada, dont la forme n'est pas aussi lancéolée et qui ne s'élargit pas autant vers le milieu de la longueur et dont le sillon est plus court. Nos échantillons sont encore plus lancéolés que celui qu'a figuré M. Zittel (*loc. cit.*).

Le *Bel. Conradi* se distingue en outre de certaines variétés du *Bel. hastatus*, par exemple de celle d'Oxford (Phillips, *Pal. Soc.* 1870, pl. XXVIII, fig. 67) par son sillon assez court, s'effaçant vers le milieu de la longueur.

M. Schlosser a figuré un *Bel. semisulcatus* Münster, de Kelheim, qui est également moins acuminé que le nôtre.

Commun dans les marnes blanches à *Pyg. diphya* de Fuente de los Frailes. On en voit aussi quelques échantillons dans la collection de Verneuil.

85. Belemnites (Duvalia) latus Blainv.

1842. D'Orbigny, *Pal. fr. Terr. crét.*, t. I, pl. IV, fig. 1 à 8.

On connaît cette espèce dans le Tithonique de la Porte de France, de Taulanne, de Châtillon-en-Diois et dans le Néocomien.

Marnes blanches. à *Pyg. diphya.*

Fuente de los Frailes.

86. Belemnites strangulatus Opp.

1868. Zittel, *Stramberg*, pl. I, fig. 6 et 7.

Fuente de los Frailes.

8.

87. **Bélemnites (Duvalia) Haugi** nov. sp.

Pl. XXVII, fig. 1 a, b.

Cette forme se rapproche du *Belemnites ensifer* Oppel (Zittel, *Stramberg*, pl. I, fig. 9); on peut cependant distinguer la forme de Cabra :

1° Par son sillon ventral et ses arêtes latérales plus prononcées;

2° Par sa forme plus régulièrement pointue et non mucronée;

3° Par son sillon ventral plus long.

Elle diffère du *Bel. latus* par sa forme générale plus régulièrement amincie vers la pointe qui n'est pas mucronée.

Zone à *Am. transitorius* et *Pyg. diphya*. Fuente de los Frailes. Assez rare.

88. **Belemnites (Duvalia) tithonius** Oppel.

1868. Zittel, *Stramberg*, pl. I, fig. 12 et 13.

Tithonique supérieur de la province de Vérone, de Stramberg. Tithonique inférieur du Tyrol.

Fuente de los Frailes. Assez commune.

89. **Belemnites (Duvalia) Deeckei** nov. sp.

Pl. XXVI, fig. 5 a, c.

Cette espèce ressemble beaucoup à la précédente (Zittel, *Stramberg*, pl. I, fig. 12 a, c); elle est néanmoins caractérisée par :

1° Une section caractéristique en forme d'hexagone (fig. 5 c);

2° Un sillon ventral peu profond, mais bordé par deux arêtes saillantes ;

3° De chaque côté existe un sillon latéral limité par deux arêtes, ce qui donne à la section sa forme polygonale;

4° Une forme lancéolée.

Couches à *Am. transitorius* et *Pyg. diphya*. Fuente de los Frailes.

90. **Belemnites conophorus** Oppel.

1868. Zittel, *Stramberg,* pl. I, fig. 1 à 5.

Tithonique supérieur : province de Vérone, Stramberg.
Tithonique inférieur : Tyrol méridional, Alpes suisses, Apennin central, Sicile, etc.
Fragments. Fuente de los Frailes.

91. **Lytoceras quadrisulcatum** d'Orb. sp.

1842. D'Orbigny, *Pal. fr. T. crét. céph.,* pl. XLIX, fig. 1-3 (*Ammonites*).
1869. Zittel, *Stramberg,* pl. IX, fig. 1-5, p. 70.

Nous possédons une série d'échantillons qui sont entièrement conformes aux figures données par M. Zittel.

Tithonique inférieur et supérieur du Véronais, de Stramberg, du Tyrol, des Apennins, des Karpathes, de Sicile, etc.

Zone à *Am. transitorius* et *Pyg. diphya.* Loja, Cabra (couches inférieures). Commun.

92. **Lytoceras Juilleti** d'Orb. sp. (**L. sutile** Opp. sp.)

1842. *Ammonites Juilleti* d'Orb., *Pal. fr. Ter. crét.,* t. I, pl. L, fig. 1-3; *non* pl. CXI, fig. 3.
1868. *Lytoceras sutile,* Oppel sp. Zittel, *Stramberg,* pl. XII, fig. 1 et 2, p. 76.

Les petites Ammonites pyriteuses du Néocomien que d'Orbigny a appelées *Am. Juilleti* (pl. L, fig. 1-3, non pl. CXI, fig. 3) paraissent bien n'être autre chose que des jeunes du *Lyt. sutile* Opp. sp., quoique ayant une section un peu plus circulaire.

Il faut néanmoins soigneusement en séparer l'Ammonite que d'Orbigny a représentée sous le même nom sur la planche CXI (fig. 3) et qui constitue une espèce distincte (*Lytoceras obliquestrangulatum* Kilian, *Descr. géol. de la montagne de Lure,* p. 421).

Tithonique supérieur de Stramberg.

Tithonique inférieur du Véronais, du Tyrol, de l'Apennin, de Cabra, las Chosas, Loja. Commun.

93. **Lytoceras Liebigi** Opp. sp.

1868. Zittel, *Stramberg*, pl. IX, fig. 6-7, p. 74.

Espèce bien distincte par la forme de ses tours de *Lyt. subfimbriatum*, d'Orb. sp.

Tithonique supérieur du Véronais, de Stramberg. Tithonique de la Suisse, de la Porte de France, du Pouzin, de l'Algérie, de Loja, de Cabra (calcaires rouges). Assez commun.

Le *Lyt. Liebigi* se continue dans le Néocomien. On a constaté sa présence dans le calcaire à Spatangues d'Allauch (Bouches-du-Rhône) et dans le Barrémien de Morteiron (Basses-Alpes).

94. **Lytoceras Honnorati** d'Orb. sp.

1842. *Ammonites Honnoratianus* d'Orb., *Pal. fr. Terr. crét. ceph.*, pl. XXXVII, fig. 1-4.
1868. *Lytoceras municipale* Zittel, *Stramberg*, pl. VIII, fig. 5.

L'*Am. Honnorati* d'Orb. ne représente qu'un échantillon aplati de *Lyt. municipale* Oppel. sp., si bien figuré par Zittel. L'examen d'une série d'exemplaires de cette espèce, provenant soit du Tithonique de Stramberg, soit du Néocomien, nous a enlevé toute espèce de doutes à ce sujet. On sait que cette espèce est très répandue dans le Berriasien de la haute Provence. La dénomination de d'Orbigny devra donc, comme étant la plus ancienne, être étendue aux formes des couches de Stramberg désignées jusqu'à présent sous le nom de *Lyt. municipale*. Cette assimilation avait, du reste, été prévue par M. Zittel, ainsi que, récemment encore, par M. Léenhardt.

Nous avons recueilli près de las Chozas, à la limite du Néocomien et du Tithonique, un échantillon de cette espèce muni.de son test.

Loja (commun), Cabra (rare), Cortijo Azafranero.

95. Lytoceras, sp. indet.

Avec l'*Am. transitorius*. Cortijo Azafranero.

Entrée du tunnel n° 9, entre les stations de Gobantes et d'El Chorro.

96. Phylloceras cf. serum Oppel sp.

1868. Zittel, *Stramberg*, pl. VII, fig. 5', p. 66.

Tithonique supérieur du Véronais, de Stramberg, *Diphyakalk* des Alpes. Marnes blanches. Fuente de los Frailes, de Rogoznik, etc.

Cette espèce devra probablement être réunie au *Ph. Tethys* d'Orb. (*semistriatum*).

97. Phylloceras Calypso d'Orb. sp. (silesiacum Opp. sp.)

1842. *Ammonites Calypso* d'Orb., *Pal. fr. Terr. crét.*, t. I, pl. LII, fig. 7-9.
1868. *Phyll. silesiacum* Zittel, *Stramberg*, pl. V, p. 62.

Les lobes de l'*Am. Calypso* d'Orb. du Néocomien que nous avons eu l'occasion d'étudier sur des échantillons de la collection de la Sorbonne sont, ainsi que les selles, identiques à ceux du *Ph. silesiacum*.

L'*Am. berriasensis* Pictet, des calcaires de Berrias, appartient à cette espèce.

Tithonique inférieur et supérieur du Véronais. Tithonique supérieur de Stramberg.

Tithonique du Tyrol, de l'Apennin, des Alpes suisses, des Basses-Alpes, de l'Ardèche, du Dauphiné, des Karpathes et de l'Algérie.

Berriasien de Berrias, de la Faurie, etc.

Cette espèce, citée déjà à Cabra par MM. Zittel et Fabre, est abondante dans les couches rouges et blanches de cette localité. Nous l'avons rencontrée également à Loja, où elle est commune, et dans les tranchées du chemin de fer, près de Gobantes.

98. **Phylloceras Kochi** Opp. sp.

1868. Zittel, *Stramberg*, pl. VI, fig. 1 ; pl. VII, fig. 1 et 2.

Se rencontre dans les couches de Stramberg et, d'après M. Haug, dans le néocomien inférieur du Tyrol.

Abondant dans les marnes blanches supérieures de Fuente de los Frailes.

Calcaire à *Pyg. diphya*. Loja (rare).

99. **Phylloceras semisulcatum** d'Orb. sp. (**ptychoicum** Quenst. sp.).

1842. *Ammonites semisulcatus* D'Orbigny, *T. Crét.*, Pal. franç., *Céph.*, t. 1, pl. LIII, fig. 4-6.
1849. *Ammonites ptychoicus* Quenstedt, *Céph.*, pl. XVII, fig. 12.
1868. *Phylloceras ptychoicum* Zittel, *Stramberg*, pl. IV, fig. 3-9, p. 59.

Nous ne reviendrons pas sur ce qui a été dit au sujet de cette espèce et de son assimilation avec le *Phyll. semisulcatum* que nous croyons absolument fondée. Notre savant maître M. Hébert a soutenu depuis longtemps l'identité méconnue des *Phyll. semisulcatum* et *Phyll. ptychoicum* Quenst. (Oppel, Zittel, etc.). Les formes jurassiques et tithoniques de cette espèce ont paru à certains auteurs avoir des sillons moins fortement infléchis en avant et des bourrelets plus nombreux sur la face siphonale. (Certains échantillons de Naux (Basses-Alpes) appartiennent à cette variété, ainsi que ceux qu'a figurés M. Favre.)

Néanmoins, l'examen attentif des séries de la Sorbonne et de l'École des mines nous a montré qu'il existait dans le néocomien proprement dit (couches à *Bel. latus*) des individus à bourrelets rapprochés dès le jeune âge (notamment un échantillon calcaire du Néocomien de la Motte-Chalancon [Drôme] exposé à l'École des mines), et que d'autre part certaines formes des couches à *Pyg. diphya* et *janitor* en étaient dépourvues dans les premiers stades et possédaient des sillons ombilicaux tout aussi arqués que les exemplaires des marnes à *Am. neocomiensis*. Nous avons recueilli des moules pyriteux de ces derniers, munis de bourrelets ventraux, à Sisteron et à Valbelle (Basses-Alpes).

Plusieurs individus, un peu plus grands que les autres, commencent à montrer sur la face siphonale les bourrelets si apparents dans les grands échantillons (*Am. ptychoicus* auctorum) des calcaires de Stramberg et de Berrias. Ce fait a du reste été observé par M. Léenhardt (Ventoux, p. 45) et par Coquand (*Bull. soc. géol.*, 2e série, t. XXVI, p. 849).

Si l'on sépare ces deux formes (*semisulcatus* et *ptychoicus*), on est par conséquent obligé d'admettre qu'elles ont apparu simultanément dans le jurassique pour se continuer toutes deux dans le néocomien.

L'*Am. semisulcatus* d'Orb. (*ptychoicus*, Quenst.) a donc une grande extension, verticale; elle se montre dans les couches à *Am. acanthicus* (Sette communi, Saltzkammergut), et persiste jusque dans le néocomien inférieur à *Am. Astieri* et *neocomiensis*.

Tithonique inférieur et supérieur du Véronais, du Tyrol, des Alpes et de la haute Provence, des Karpathes, de l'Apennin, de la Sicile, de l'Algérie, etc.

Berriasien et Néocomien inférieur (à *Am. neocomiensis*) de la Provence, du Dauphiné, de l'Andalousie, etc.

M. Zittel cite cette espèce de Cabra.

Zone à *Am. transitorius* et *Pyg. diphya*. Très commun partout. Loja, N. de las Chozas, cortijo Azafranero, Fuente de los Frailes (Cabra), du haut en bas de l'étage. Marnes à rognons de Cabra.

100. **Phylloceras** sp.

Cortijo Guaro (éboulis avec *Perisph. colubrinus*).

101. **Rhacophyllites Levyi**, n. sp.

Pl. XXVII, fig.4 *a*, *b*.

Coquille discoïdale lisse, ornée par tour de six sillons très nets naissant au bord de l'ombilic : d'abord profonds et fortement dirigés en avant, puis élargis et dessinant une courbe qui forme, vers la moitié externe des flancs, où les sillons se rétrécissent et présentent des bords accentués, un très léger sinus concave en avant, convexe en arrière, après lequel ils sont de nouveau fortement infléchis vers l'ouverture et passant sur la région siphonale, où ils s'élargissent un peu en formant un sinus arrondi en avant. Flancs peu convexes s'abaissant brusquement vers l'ombilic, qui se trouve ainsi entouré d'une arête très nette qu'entament les sillons à leur naissance. Spire formée de tours médiocrement épais se recouvrant sur la moitié environ de leur largeur. Ouverture subquadrangulaire, un peu plus haute que large. Région ventrale arrondie.

Cloisons inconnues.

Diamètre de l'échantillon figuré.............	34 millim.
Diamètre de l'ombilic....................	9
Largeur du dernier tour...................	14
Épaisseur du dernier tour.................	12
Hauteur du dernier tour..................	11

Rapports et différences. — Cette espèce appartient au groupe de *l'Ammonite tortisulcatus;* elle s'en distingue cependant nettement par ses sillons simplement infléchis en avant, flexueux sans rebroussements brusques et non en zigzags, décrivant sur la moitié externe des flancs un sinus beaucoup moins accentué. En outre, dans notre espèce, le sinus siphonal du sillon est simple et ne porte pas en son milieu un sinus secondaire, comme c'est le cas pour l'*Ammonites tortisulcatus*. De plus, le nombre des sillons est plus grand dans l'*Am. Levyi.*

La résorption des sillons dans le jeune âge qui caractérise l'*Am. Loryi* n'existe pas dans notre espèce, ce qui suffit avec la forme même de ces sillons pour séparer ces deux espèces. En outre, le bord de l'ombilic est caréné dans notre espèce et les tours sont moins épais.

Gisement. — Tithonique à *Pyg. janitor* et *Am. transitorius.* Calcaire rouge.

Localité : Loja. Un seul exemplaire.

102. Rhacophyllites Loryi Munier-Chalmas.

Pl. XXVII, fig. 3 *a, b.*

Voir *ante*, p. 626.

Nous nous sommes assuré, d'après les nombreux échantillons de la collection de la Sorbonne, que le *Rhac. Loryi* Mun. Ch. type correspond bien au *Phyll. Silenus* Font.

Espèce des couches à *Am. acanthicus* et *tenuilobatus* de Suisse, de Crussol, du tithonique de Sicile et des Basses-Alpes.

Couches à *Pyg. diphya.* Loja (échantillon figuré). Entrée du tunnel n° 39 entre Gobantes et El Chorro.

103. Haploceras elimatum Opp. sp.

1868. Zittel, *Stramberg,* pl. XIII, fig. 1-7, p. 79.

Tithonique supérieur de Stramberg.
Tithonique inférieur du Véronais, de Rogoznik, du Tyrol.
Tithonique de l'Ardèche, des Basses-Alpes et de l'Algérie.
Couches à *Am. transitorius* et *Pyg. diphya.* Cabra, Loja.
· Commun.

103 *bis*. **Haploceras Grasi** d'Orb. sp. (**tithonium** Opp. sp.).

1868. Zittel, *Stramberg*, pl. XIV, fig. 1-3, p. 82.

Espèce du tithonique supérieur.
Marnes blanches de Fuente de los Frailes. Rare.

104. **Haploceras Stazyosii** Zeuschner sp.

1846. Zeuschner, pl. IV, fig. 3 *a*, *c*.
1868. Zittel, *Aelt. Tithon.*, pl. XXVII, fig. 2-6.

Tithonique inférieur du Véronais, des Karpathes, du Tyrol, de Crussol, de l'Apennin, de la Sicile; couches à *Am. acanthicus.*
Cabra, Loja. Assez rare.

105. **Haploceras carachteis** Zeuschner sp.

1846. Zeuschner, pl. IV, fig. 3.
1868. Zittel, *Stramberg*, pl. XV, fig. 1-3, p. 84.

Espèce du Tithonique supérieur du Véronais, de Stramberg.
Tithonique de l'Apennin, des Karpathes, du Tyrol, de Crussol, des Alpes suisses, d'Oued Soubella (Algérie).
Couches à *Am. transitorius* Sortie du tunnel n° 9, entre les stations de Gobantes et d'El Chorro. (Recueilli par M. Bergeron.)

106. **Haploceras** sp.

Calcaires à *Am. transitorius.* Éboulis au Nord du cortijo Guaro.

107. **Oppelia** sp.

Calcaire à *Pyg. diphya.* Loja.

108. **Aptychus punctatus** Voltz.

1861. *Apt. imbricatus* H. de Meyer, Pictet, *Mél. pal.*, pl. XLIII, fig. 5-10.
1868. Zittel, *Stramberg*, pl. I, fig. 15, p. 52.

Tithonique supérieur de Stramberg, Karpathes.

Tithonique inférieur du Véronais, des Alpes suisses, de la Drôme, du Tyrol, de l'Apennin central, de la Sicile, Sette Communi, Luc-en-Diois, Vogué, Porte de France, Le Pouzin, Chambéry, Les Pilles, Oued Soubella (Algérie). Se montre dès la *Zone* à *Am. acanthicus*.

Très abondant : Fuente de los Frailes, cortijo Azafranero, tranchées du chemin de fer, près de Gobantes. Marnes à rognons de Cabra, Loja.

109. **Aptychus Beyrichi** Opp.

1868. Zittel, *Stramberg*, pl. I, fig. 16-19, p. 54.

Tithonique supérieur du Véronais, de Stramberg, de Luc-en-Diois, etc.

Tithonique inférieur du Tyrol, des Karpathes, etc.

Le Pouzin, Châtillon, Les Pilles, Lémenc, Porte de France.

Abondant. Éboulis des calcaires blancs d'Illora, Loja. Fuente de los Frailes. Marnes à rognons de Cabra.

110. **Aptychus Beyrichi** Opp. var.

1868. Zittel, *Stramberg*, pl. I, fig. 18 (non 16).

Fuente de los Frailes. Marnes blanches supérieures.

Genre HOLCOSTEPHANUS.

Dérivant probablement de certains *Perisphinctes* dont ils ont les constrictions et les côtes, les *Holcostephanus* apparaissent (*Holc. stephanoides*) rares et isolés dans les couches à *Am. acanthicus*, mais ce n'est que dans le tithonique supérieur (*Holc. pronus, Holc. Grotei*) que se montrent des formes typiques du genre. Les couches de Berrias sont caractérisées par l'abondance de formes spéciales appartenant à ce groupe (*Holc. Negreli*, Math., *H. ducalis*, Math.); enfin, dans le néocomien règnent *Holcostephanus Astieri*, *Holc. bi-dichotomus*, etc. qui disparaissent au sommet de l'hauterivien.

111. **Holcostephanus**[1] cf. **narbonensis** Pict.

1861. Pictet, *Mél. pal.*, pl. XVII, fig. 1 et 2.
1871. *Holc. stenonis*, Gemm. pl. XXI, fig. 11.

La collection de Verneuil contient un échantillon de cette es-pèce, en très mauvais état. Cabra.

111 *bis*. **Holcostephanus pronus** Opp. sp.

1868. Zittel, *Stramberg*, pl. XV, fig. 8-11, p. 91.

Forme citée dans le Tithonique supérieur du Véronais, de Stramberg, des Alpes de Fribourg.

Assez rare. Marnes blanches de Fuente de los Frailes; Couches inférieures de la même localité; Loja.

Un des exemplaires que nous avons sous les yeux montre bien que dans le jeune, les côtes de cette espèce sont interrompues dans la région ventrale.

112. **Holcostephanus Negreli** Math. sp.

Pl. XXVII, fig. 5 *a*, *b*.

1880. *Ammonites Negreli* Math, *Recherches pal.*, pl. *B* XXVII, fig. 1.
1887. *Holcostephanus Barroisi* Kil., in Haug, *Alpe Puez*, p. 278.

Nous avions d'abord distingué cette forme sous le nom de *Hol-*

---

[1] Le nom d'*Holcostephanus* tire son origine du mot grec ὁλκός, *sillon*, qui a un esprit rude; nous l'écrivons *Holco-* *stephanus*, comme l'on écrit *Holcodiscus* et non *Olcostephanus*, ainsi que le font certains auteurs.

costephanus Barroisi Kilian, mais l'étude de nombreux *Am. Negreli*
du berriasien de Provence déposés à la Sorbonne nous a amené à
considérer notre ammonite comme une forme jeune de l'espèce
de Matheron.

Coquille discoïdale, ornée de côtes fines, fasciculées et ayant
pour point d'origine des tubercules au nombre de vingt-deux par
tour, placés au bord de la paroi ombilicale lisse et peu élevée. Ces
tubercules sont allongés dans le sens radial. Les côtes, qui ne sont
pas très saillantes sur l'échantillon, se multiplient par division et intercalation ; elles passent sur la face siphonale sans s'interrompre
et en décrivant un très léger sin us convexe en avant. Spire formée
de tours nombreux, se recouvrant sur un quart environ de leur
largeur. Ouverture un peu plus haute que large, arrondie du côté
siphonal; plus large vers l'ombilic. On remarque trois *constrictions* par tour; elles sont dirigées en avant et coupent obliquement
les côtes.

Région ventrale convexe, flancs assez plats, formant une arête
mousse autour de l'ombilic, qui est assez ouvert.

Cloisons inconnues.

Diamètre de l'échantillon figuré..............	49 millim.
Diamètre de l'ombilic....................	21
Largeur du dernier tour..................	16
Épaisseur.............................	11

Rapports et différences. — *Holc. pronus* Oppel a une ornementation moins fine, des tours plus épais, moins aplatis et des tubercules moins rapprochés de l'ombilic. De plus, les côtes forment un
angle, une sorte de *chevron* sur la face siphonale.

Holc. Grotei Oppel se distingue par une ornementation plus
fine, des tours beaucoup moins épais et moins embrassants, un
ombilic moins profond.

L'*Holc. Cautleyi* a un ombilic plus profond, est moins aplatie,
à ornementation plus grossière et les côtes ont sur la face siphonale un angle plus prononcé.

H. ducalis Matheron, **B.** pl. XXVII, fig. 2, ressemble énormément à *Holc. Negreli.* Nous avons consulté dans la collection de la Sorbonne un des types de l'espèce provenant du berriasien de La Faurie (collection Jaubert). Les tours sont plus embrassants, plus larges que dans notre espèce et les tubercules plus rares et plus éloignés de l'ombilic.

Holc. Astieri a également certains rapports avec notre forme, surtout la variété figurée par Pictet (*Mél. Pal.,* pl. XXXVIII, fig. 8), qui en diffère principalement par l'épaisseur plus grande des tours et leur plus grande largeur, ainsi que par ses tubercules, qui sont plus rapprochés de l'ombilic et par ses côtes moins grosses.

Holc. Theodosiae Desh. est aussi très voisine, seulement les côtes font, dans la forme de Crimée, un angle plus aigu sur la face ventrale et les constrictions sont plus rares que dans *Holc. Barroisi,* qui est en outre plus aplatie.

Berriasien de La Faurie (Hautes-Alpes), Saint-Julien-en-Beauchêne, la Cisterne (collection de la Sorbonne), Séderon (Drôme), La Ribière, près Saint-Vincent (Basses-Alpes).

Tithonique supérieur de Cabra (Andalousie).

113. Holcostephanus Grotei Opp. sp.

1868. Zittel, *Stramberg*, pl. XVI, fig. 1-4, p. 90.

Tithonique supérieur, Véronais, Stramberg; néocomien inférieur de Berrias (Ardèche), jurassique supérieur de l'Inde (Thibet).

Tithonique à *Am. transitorius.* Loja.

Genre PERISPHINCTES.

Les vrais *Perisphinctes* (*P. colubrinus*), encore abondants dans le tithonique inférieur, ne tardent pas à être remplacés dans le tithonique supérieur par un groupe un peu aberrant, servant de transition aux *Hoplites,* celui des *Perisph. transitorius, senex, etc.,* où le sillon ventral, d'abord peu constant, finit par devenir un caractère persistant.

114. **Perisphinctes colubrinus** Rein. sp.

Pl. XXIX, fig. 1 *a*, *b*, 2 *a*, *b*.

1818. Reinecke, fig. 72, p. 88.
1849. Quenst., *Ceph.*, pl. XII, fig. 10.
1870. Zittel, *Aelt. Tithon.*, pl. XXXIII, fig. 6, et pl. XXXIV, fig. 4, 5 et 6.
1876. Fontannes, *Crussol*, pl. IX, fig. 4.
1878. Non *Per. colubrinus* Herbich Czeklerland, pl. VIII, fig. 1.
   Am. Botellae et Subbotellae, de Vern. (in coll.).

Nous rattachons à cette espèce, ainsi que le fait M. Zittel, un groupe de formes assez variables à tours arrondis et à côtes très prononcées. Certaines variétés ont les flancs plus aplatis que d'autres.

De Verneuil a séparé sous le nom d'*Ammonites Subbotellae* de Vern. in coll. une variété à tours ronds; il avait donné le nom de *Botellae* à la forme adulte de la même espèce.

Les constrictions sont rares; certains échantillons présentent dans le jeune âge, ainsi que l'a déjà fait remarquer M. Zittel, un affaiblissement des côtes sur la région ventrale. Les formes tithoniques que nous rapportons au *Perisphinctes colubrinus* paraissent établir un passage entre les perisphinctes vrais du jurassique extraalpin (*Per. Tiziani*, Oppel) et le groupe du *Per. transitorius*, ainsi que le montre l'ébauche du sillon ventral qu'il n'est pas rare de rencontrer dans le *Per. colubrinus* et qui s'accentue sans devenir pourtant bien persistant chez le *Per. transitorius*. Les côtes sont plus régulièrement bifurquées dans notre espèce que dans le *Per. fraudator*.

On cite cette forme dans les couches à *Am. acanthicus* et le Tithonique inférieur du Véronais; elle se trouve aussi dans les couches de Stramberg et dans le Diphyakalk (Sette Communi, etc.). Jonchères (Drôme).

Couches à *Am. transitorius*. Baños de Vilo (près du col menant à Zaffaraya).

Cortijo Azafranero. Loja. Fuente de los Frailes.

115. **Perisphinctes Richteri** Opp. sp.

1868. Zittel, *Stramberg*, pl. XX, fig. 9-12, p. 108.

Cette espèce se distingue par ses côtes fortement infléchies en avant et par le sinus qu'elles forment sur la partie ventrale.

On la cite dans le Véronais (tithonique supérieur), l'Apennin (tithonique inférieur), les Alpes de Fribourg, le Tyrol méridional, et à Stramberg (tithonique supérieur).

Fuente de los Frailes, Loja. Assez commun.

116. **Perisphinctes** sp.

Tithonique, nord de las Chozas.

117. **Perisphinctes Heimi** E. Favre.

1877. E. Favre *Z.* à *A. acanthicus*, pl. V, fig. 3.
    (*Am. Colombi* de Verneuil in coll.).

Cabra (couches inférieures).

118. **Perisphinctes albertinus** Cat. sp.

1870. Zittel, *Aelt. Tithon.*, pl. XXXIV, fig. 1.

Tithonique inférieur du Véronais, du Tyrol, de l'Apennin. Cabra. (Coll. de Verneuil.)

119. **Perisphinctes geron** Zittel.

1870. *Perisphinctes geron* Zittel, *Aelt. Tithon.*, pl. XXXV, fig. 3.
1866. *Perisphinctes ardescicus* Fontannes, *Crussol*, pl. VIII, fig. 3 et 4.

Ainsi que nous avons pu nous en assurer en étudiant avec notre ami M. Haug les séries de la collection de la Sorbonne, c'est à cette espèce que doivent être rapportés presque tous les échantillons cités sous le nom d'*Am. transitorius* dans les Basses-Alpes, le Diois et les Cévennes.

Ammonites (Perisphinctes) geron Zittel (*Aelteres Tithon.*, pl. XXXV, fig. 3), à laquelle doit probablement être réuni *Am. ardescicus* Fontannes, caractérise le Diphyakalk (tithonique inférieur des auteurs) d'une foule de localités : Volano, Toldi, Maruszina, Rogoczonik, Lubiara (Véronais). D'après M. Neumayr, elle se montrerait déjà dans les couches à *Waagenia Beckeri*. En France, on la rencontre à Chasteuil, Lémenc, à la Porte de France, aux environs de Sauve, au Pouzin, à Crussol, etc. Dans les régions que nous avons explorées, c'est également dans des dépôts probablement synchroniques du Diphyakalk qu'elle s'est rencontrée : Naux (Basses-Alpes).

Tithonique inférieur. Puerto del Sol, près Zaffaraya, Loja. Gobantes (entrée du tunnel n° 9), Cabra.

120. **Perisphinctes contiguus** Zitt., non Cat.

1870. Zittel, *Aelt. Tith.*, pl. XXXV, fig. 2, p. 228.
    Am. cabrensis de Verneuil in coll.

Cette espèce à côtes trifurquées rappelle beaucoup la figure de M. Zittel. Dans l'adulte, les côtes deviennent irrégulières et épaisses, surtout dans la région ventrale. Des tubercules se montrent aux points de bifurcation.

Notre forme rappelle le *Per. microcanthus* Opp. sp. (Zitt., *Stramberg*, pl. XVII, fig. 11); elle est également voisine du *Per. transitorius*.

Tithonique inférieur et couches à *Am. acanthicus* du Véronais. Tithonique inférieur de l'Apennin central et tithonique supérieur de Stramberg.

Tithonique inférieur. Cabra. Rare.

120 *bis*. **Perisphinctes rectefurcatus.**

1870. *Per. Venetianus*, Zittel *Aelt. Tith.*, Pl. XXXIV, fig. 7. (*Perisphinctes rectefurcatus*, id. p. 227).

Espèce des Sette Communi (Tithonique inférieur).
Tithonique à *Pyg. diphya*. Cabra.

10.

121. **Perisphinctes Lorioli** Zitt.

Pl. XXVIII, fig. 3 *a*, *b*.

1868. Zittel, *Stramberg*, pl. XX, fig. 6-8.

Nous ne possédons que des fragments de cette espèce. Les côtes sont plus flexueuses que sur les figures de Zittel.

Am. balnearius de Lor., var. *retrofurcata* Fontannes (*Crussol*, pl. XI, fig. 1) possède des côtes à sinus dirigé en avant comme *Per. Lorioli*, mais en diffère par la présence d'étranglements.

Marnes blanches à *Pyg. diphya*. Fuente de los Frailes (type figuré). Loja. La Claps de Luc (Drôme).

121 *bis*. **Perisphinctes sublorioli** n. sp.

Pl. XXXIII, fig. 4 *a*, *b*.

Cette forme se distingue de la précédente, dont elle n'est peut-être qu'une variété, par ses côtes légèrement plus flexueuses et formant sur la face siphonale un sinus plus régulièrement convexe en avant. En outre, les tours sont plus épais ici et l'ouverture plus carrée.

Diamètre de l'échantillon	48 millim.
Largeur de l'ombilic	21
Largeur de l'ouverture	18
Hauteur	16

Marnes blanches de Fuente de los Frailes.

122. **Perisphinctes Chalmasi**, n. sp.

Pl. XXVIII, fig. 1.

Coquille discoïdale, ornée de côtes très nombreuses, droites, se divisant en deux, trois ou plusieurs branches vers la moitié des flancs, non interrompues sur la face siphonale. Dans le jeune âge, les côtes aiguës et accentuées (75 environ par tour) sur la moitié interne des flancs se divisent sur la moitié externe en deux ou trois branches droites fines et moins aiguës.

Dans l'âge adulte (vers le diamètre de 140 millim.), les côtes ombilicales s'espacent légèrement, deviennent plus larges, moins accentuées et donnent naissance à un nombre plus considérable de branches. En même temps, les ornements s'atténuent et tendent à s'effacer sur la partie médiane des flancs.

A 145 millim., les côtes ombilicales se réduisent à de gros tubercules mousses, situés sur le bord de l'ombilic et servant de point de départ d'un faisceau de côtes fines et peu distinctes sur la partie médiane des flancs.

Spire formée de tours se recouvrant sur deux cinquièmes environ de leur largeur. Ouverture plus haute que large; la plus grande largeur étant dans la région ombilicale.

Région siphonale bombée. Flancs peu convexes. Paroi ombilicale lisse, bordée dans l'adulte par une arête émoussée ornée de tubercules et dominant une paroi verticale lisse.

Cloisons inconnues.

Rapports et différences. — Cette espèce se rattache au groupe des *Perisphinctes ulmensis* Oppel sp., *Achilles* d'Orb. sp., *geron* Zittel, *unicomptus* Font., *capillaceus* Font.

Elle diffère de *Perisph. ulmensis* par ses côtes qui restent plus longtemps serrées et ne se transforment en tubercules qu'à un diamètre beaucoup plus grand.

Elle peut être séparée de l'*Ammonites Achilles* grâce à ses côtes beaucoup plus nombreuses et par le même caractère qui la distingue du *Per. ulmensis*.

Perisphinctes unicomptus Fontannes a un ombilic plus étroit et des côtes plus larges que *Per. Chalmasi*.

L'ombilic plus ouvert de notre espèce ne permet pas non plus de la confondre avec le *Per. capillaceus* Font., dont la distinguent également ses côtes demeurant plus longtemps fines et serrées.

Per. geron Zittel a les tours moins nombreux et les côtes un peu moins fines dans l'adulte.

Notre forme a les tubercules plus prononcées que le *Per. seorsus.*

Per. lictor Font. a les côtes moins fines ainsi que *Per. frequens* Oppel qui n'a pas de tubercules.

Gisement. — Tithonique inférieur à *Per. transitorius.* Las Cho-zas, près Zaffaraya.

122 *bis.* **Perisphinctes fraudator** Zitt. sp.

1868. Zittel, *Stramberg,* pl. XXI, fig. 1-3, p. 110.

Calcaire à *Per. transitorius.* Loja.

123. **Perisphinctes eudichotomus** Opp. sp., var. **cabrensis,** nobis.

1868. Zittel, *Stramberg,* pl. XXI, fig. 6 et 7.
  Am. Cabrensis de Verneuil in coll.

Variété présentant un nombre un peu moins grand de côtes que le type, à ombilic un peu moins profond et à ouverture un peu rétrécie vers la face siphonale.

On l'a rencontrée dans le Tithonique de Stramberg, du Pouzin (Ardèche), de Lémenc (Savoie), de Chasteuil (Basses-Alpes), de Crussol, etc.

Tithonique inférieur. Cabra. (Coll. de Verneuil.)

124. **Perisphinctes transitorius** Opp. sp.

1868. Zittel, *Sramberg,* pl. XXII, fig. 1-6, p. 103.
1861. Pictet, *Mél. pal.,* pl. XXXVIII, fig. 5 et 6.

Cette espèce, assez variable, est une des plus caractéristiques des couches tithoniques d'Andalousie.

Nous en avons recueilli de nombreuses variétés dont quelques-unes, à côtes plus nombreuses, se rapprochent du *Per. senex* et du *Per. geron* (*ardescicus*).

Zone à *Pyg. diphya* : Loja. Fuente de los Frailes. Tranchées de Gobantes (Entrée du tunnel n° 9). Cortijo Azafranero. Abondant.

125. **Perisphinctes senex** Oppel sp.

1868. Zittel, *Stramberg*, pl. XXIII, fig. 1-3, p. 113.

Cette espèce se distingue du *Per. ardescicus (geron)* par la présence d'une interruption ventrale des côtes.

Couches à *Pyg. diphya.* Fuente de los Frailes.

Tithonique supérieur du Véronais; de Stramberg.

126. **Perisphinctes** sp.

Fragment de tour de grande taille, orné de côtes très grosses. Calcaire rouge de Cabra. (Coll. de Verneuil.)

126 *bis*. **Perisphinctes.**

Jeunes individus à sillon ventral, appartenant au groupe des *Per. transitorius* et *senex.* Abondant.

Fuente de los Frailes.

127. **Perisphinctes Fischeri** n. sp.

Pl. XXVIII, fig. 2.

Coquille discoïdale, ornée par tour de 48 côtes presque droites, bifurquées sur le tiers externe des flancs et atténuées fortement sur la ligne siphonale. Les côtes, légèrement recourbées en arrière sur la paroi ombilicale, forment sur le milieu des flancs un sinus très peu accentué, convexe en avant, puis elles se bifurquent très régulièrement; la branche postérieure est dirigée faiblement en arrière. Il est à noter que les côtes primaires sont *plus accentuées* que les côtes secondaires.

Spire formée de tours, se recouvrant sur un cinquième à peine de leur largeur. (On aperçoit quelquefois la bifurcation des côtes sur les tours intérieurs.) Ouverture un peu plus haute que large, la plus grande largeur étant du côté de l'ombilic; faiblement échancrée par le retour de la spire.

Région siphonale légèrement aplatie; flancs médiocrement convexes, formant une arête mousse autour de l'ombilic.

Cloisons inconnues.

Diamètre de l'échantillon figuré..............	45 millim.
Diamètre de l'ombilic....................	19
Largeur du dernier tour..................	16
Épaisseur.............................	11

Rapports et différences. — Cette espèce fait partie du groupe de *Perisphinctes transitorius* dont elle diffère par l'aplatissement de ses tours, ses côtes moins droites et plus fines.

Le *Perisphinctes balnearius* de Loriol, var. *retrofurcata* Fontannes (*Crussol*, pl. XI, fig. 1, p. 71) est très voisin de cette espèce; il s'en distingue cependant par ses côtes non atténuées sur la ligne siphonale. L'*Am. praetransitorius* Font. a les tours moins aplatis et possède un sillon ventral au lieu d'une simple bande lisse. Notre espèce se rapproche également des *Perisph. Sautieri* et *Mulleti* Fontannes.

128. Per. prætransitorius Fontannes.

1879. Fontannes, *Crussol*, pl. XI, fig. 6, 7.

Côtes offrant les mêmes sinuosités que *Per. Fischeri;* mais tours plus larges et sillon ventral plus accentué. Se rapproche d'*Am. Sautieri* Font., mais a des tours moins nombreux. Cette forme a les côtes plus nombreuses et les tours plus plats que *Per. eudichotomus.*

Gisement. — Couches à *Am. transitorius.* Cabra. (Coll. de Verneuil.)

129. Perisphinctes Falloti n. sp.

Pl. XXIX, fig. 4 a, b.

Coquille discoïdale, ornée par tours de 48 côtes formant sur le pourtour de l'ombilic des indices de tubercules. Quelques-unes se bifurquent et se trifurquent avant d'avoir atteint la moitié des flancs; mais la plupart se divisent en deux, rarement en trois branches, vers le tiers externe de la coquille. Quelques-unes restent simples.

Sur la dernière partie du dernier tour, les divisions des côtes sont plus irrégulières, elles se font plus près de l'ombilic et chacune d'elles donne naissance à deux, trois ou quatre côtes secondaires; en même temps les tubercules ombilicaux s'accentuent. Les côtes passent sans s'interrompre sur la région ventrale qui est un peu aplatie. Cependant on observe à certains stades un indice d'atténuation sur la ligne siphonale (fig. 4 *b*), ce qui rapproche notre espèce du groupe de l'*Am. transitorius*. Il importe de noter la présence de constrictions très peu profondes et parallèles aux côtes.

Spire formée de tours se recouvrant sur un cinquième de leur largeur.

Ouverture plus haute que large, un peu plus étroite du côté siphonal que près de l'ombilic.

Région ventrale légèrement aplatie; flancs peu convexes, formant une paroi ombilicale droite et lisse.

Cloisons inconnues.

Diamètre de l'échantillon figuré.............	83 millim.
Diamètre de l'ombilic....................	35
Largeur de l'ouverture...................	21
Hauteur de l'ouverture...................	26

Rapports et différences. — Cette espèce fait partie du groupe de l'*Am. (Perisphinctes) transitorius* comme semble l'indiquer l'atténuation passagère des côtes sur la ligne siphonale. Elle diffère de cette espèce par les épaississements ombilicaux de ses côtes et par la façon irrégulière dont elles se divisent. Voisine aussi de l'*Am. eudichotomus* Oppel elle s'en distingue par les mêmes caractères.

Per. rarefurcatus a les côtes plus serrées et plus flexueuses, les

tours plus amincis sur la ligne siphonale. (*Stramberg*, pl. XIX,
fig. 4.)

Per. abscissus Zittel a des tubercules ombilicaux plus prononcés,
et des côtes moins serrées et interrompues nettement du côté ventral. En outre, les côtes du *Per. abscissus* sont plus régulièrement bifurquées et plus flexueuses dans le jeune âge.

Am. Boissieri Pictet, très voisin, sinon synonyme du précédent,
a des côtes moins droites, des tubercules moins nombreux alternant avec des côtes non épaissies et des tours un peu moins épais.

Gisement. — Cabra.

130. Perisphinctes moravicus.

Pl. XXIX, fig. 3 *a, b.*

1868. Zittel, *Stramberg*, pl. XXI, fig. 5, p. 109.

L'exemplaire figuré ne présente pas l'interruption ventrale des
côtes de la figure de M. Zittel. Cependant nous maintenons notre
détermination comme exacte, car il est expressément dit par Zittel
(p. 110) que, dans les tours internes, cette interruption devient
très peu nette.

Couches à *Pyg. diphya.* Loja. Rare.

131. Simoceras lytogyrum Zittel.

1870. Zittel, *Aelt. tith.*, pl. XXXIII, fig. 1. p. 209.

Tithonique supérieur : Fuente de los Frailes.

132. Simoceras volanense Opp. sp.

1862. Oppel, *Pal. Mitth.*, pl. LVIII, fig. 2, p. 231.
1870. Zittel, *Aelt. Tith.*, pl. XXXII, fig. 7-9, p. 213.
1868-1876. Gemmellaro, *Studii paleont. sulla Fauna del calcare à P. janitor*,
    pl. IX, fig. 5, p. 40.

Zone à *Waagenia Beckeri* (rare) et Tithonique inférieur : Apennin central, Sicile septentrionale, Tyrol méridional, Véronais, Carpathes. Tithonique supérieur : Stramberg.

Tithonique. Loja. Un bel exemplaire.

132 bis. Simoceras biruncinatum Quenst. sp.

1849. Quenstedt, *Ceph.*, pl. XIX, fig. 14.
1870. Zittel, *Aelt. Tithon.*, pl. XXXII, fig. 5 et 6, p. 210.

Tithonique inférieur du Véronais, du Tyrol et de la Vénétie. Zone à *Am. transitorius*. Nord de las Chozas.

133. Simoceras cf. venetianum Zittel sp.

1870. Zittel, *Aelt. Tith.*, pl. XXXIII, fig. 8, p. 221.

Tithonique. Loja. Tithonique inférieur du Véronais, du Tyrol et de l'Apennin.

134. Simoceras rachystrophum Gemm.

1868-1876. Gemmellaro, pl. VII, fig. 5.

Un fragment.

Espèce de la Zone à *Am. acanthicus* du Véronais et du lac de Garde.

Tithonique. Las Chozas.

135. Simoceras sp.

Jeune exemplaire appartenant au groupe du *Sim. Doublieri* d'Orb.
Entrée du tunnel n° 9 entre Gobantes et El Chorro.

Genre HOPLITES.

Dans les dépôts tithoniques, les *Perisphinctes* à sillon ventral du groupe de *Per. transitorius* donnent naissance à une série de formes (*Hoplites privasensis, H. carpathicus, H. Calisto, H. Chaperi*, etc.),

11.

surtout répandues.dans le niveau supérieur de cet étage et qui, par leur méplat siphonal, par la disposition de leurs côtes et la tendance qu'ont ces ornements à prendre des tubercules, se rapprochent de plus en plus des *Hoplites* typiques (*H. Malbosi, H. Euthymi* et *Hoplites radiatus* du néocomien), auxquels ils sont rattachés par des formes de passage et dont ils représentent vraisemblablement la souche. Ces espèces et leurs variétés atteignent, dans les couches à *Pyg. diphya* d'Andalousie, un remarquable développement.

136. Hoplites privasensis Pictet sp.

Pl. XXX, fig. 3 *a, b*.

1861. Pictet, *Mél. pal.*, pl. XVIII, fig. 1 et 2, p. 84.
1868. *Am. Calisto*, Zittel, *Stramberg*, pl. XX, fig. 5.

Cette forme, répandue dans le tithonique supérieur du S. E. de la France est peu connue à l'état adulte. Zittel a représenté (*Stramberg*, pl. XX, fig. 5) un échantillon qui porte le nom d'*Am. Calisto* et que nous sommes porté à considérer comme une variété de l'*Am. privasensis* Pictet.

Tithonique : Aizy (Isère), Claps de Luc (Drôme); lac de Garde et Oued Soubella (Algérie).

Abondant. Tithonique supérieur. Fuente de los Frailes.

136 bis. Hoplites sp.

Voisine de l'*Am. eudichotomas* Zitt.
Loja. Fuente de los Frailes.

137. Hoplites carpathicus Zitt. sp.

Pl. XXX, fig. 1 *a, b*.

1868. Zittel, *Stramberg*, pl. XVIII, fig. 4-5, p. 107.

Cette forme pouvant aisément être confondue avec *Hoplites Calisto* d'Orb., nous avons jugé convenable d'en faire figurer un bel échantillon des marnes blanches de Fuente de los Frailes.

Notre exemplaire est un peu plus déroulé que le type de Stramberg, en même temps le sillon dorsal est très atténué dans notre forme et la division des côtes est plus extérieure; celles-ci sont également un peu plus serrées dans la figure 5 de Zittel.

En ce qui concerne les analogies et les différences avec *A. Calisto* d'Orb., voir à cette espèce.

Tithonique de Crussol, de Luc-en-Diois, d'Aizy.

Tithonique supérieur de la Claps de Luc (Drôme).

Zone à *Am. transitorius* et *Ter. dyphia*. Fuente de los Frailes. Assez commun.

138. Hoplites Calisto [1] d'Orb. sp.

Pl. XXXI, fig. 3 *a, b.*

1849. *Ammonites Calisto* d'Orbigny, *Pal. fr. Ter. jur.*, Céph. pl. CCXIII, fig. 1 et 2.

1861. *Ammonites Calisto* Pictet, *Mél. pal.*, pl. XXXVIII, fig. 3 et 4 (non fig. 6).

1868. Non *Ammonites Calisto* Zittel, *Stramberg*, pl. XX, fig. 4 et 5, p. 107.

1880. (?) *Am. Calisto*, Favre, *Tith.*, Alpes frib., pl. III, fig. 5 *a, b.*

Nous avons fait figurer cette espèce (pl. XXXI, fig. 3 *a, b*) afin de faire ressortir les caractères qui la distinguent de *H. carpathicus* (pl. XXX, fig. 1 *a, b*).

Les côtes ayant la même forme que dans la figure de d'Orbigny, sont dans notre échantillon faiblement atténuées, dans le jeune âge seulement, sur la région ventrale, tandis que le type possède un sillon ventral continu. En même temps, notre individu est un peu plus renflé. Parmi les types de la collection d'Orbigny, il se trouve du reste des échantillons dans lesquels les côtes passent sur la face ventrale sans s'interrompre tout à fait.

Il en est de même de notre *H. carpathicus* qui a également un sillon moins net que la figure de Zittel.

---

[1] Nous conservons provisoirement l'orthographe donnée par d'Orbigny, quoiqu'il serait plus correct d'écrire *Callisto.*

Ses côtes flexueuses distinguent *Hopl. Calisto* de *Hopl. car-pathicus* où elles sont dirigées simplement en avant et se divisent vers le tiers externe des flancs. Ici la bifurcation se fait plutôt vers le milieu des flancs et correspond à un sinus des côtes convexe en avant. En même temps les côtes sont un peu plus nombreuses dans *Hopl. carpathicus.*

La forme des tours est sensiblement la même; peut-être sont-ils un peu moins hauts dans l'*Am. Calisto.*

En France, on rencontre l'*Am. Calisto* dans le Tithonique supérieur : Cheiron, la Cisterne, la Claps de Luc, où elle est très abondante.

Am. Calisto Zittel, (*Stramberg,* pl. XX, fig. 1-4), nous paraît devoir constituer une troisième espèce à côtes plus espacées, que nous proposons d'appeler **Perisphinctes Oppeli**, n. sp. L'échantillon représenté par M. Favre (*loc. cit.*) est aussi plus grossièrement costulé que le type, et l'inflexion des côtes y est sensiblement plus forte.

Gisement. — Fuente de los Frailes.

139. Hoplites delphinensis n. sp.

Fig. 1.

Cette espèce se distingue des *Hopl. Calisto* et *carpathicus* par une dépression très caractéristique qui règne sur le tiers externe des flancs. Ce méplat, parallèle à la suture, se trouve à la hauteur du point de bifurcation des côtes; dans certains échantillons, il est assez prononcé pour occasionner une forte atténuation de l'ornementation et alors la coquille porte une bande lisse circulaire qui n'est pas sans analogie avec celle que l'on observe dans le groupe de *Hildoceras bifrons* du lias. Néanmoins cette bande, qui semble du reste s'effacer avec l'âge, ne produit aucune déviation dans le trajet des côtes qui sont toutes fortement dirigées en avant et régulièrement bifurquées. Sur la ligne siphonale se remarque une interruption brusque et nette des côtes, sorte de scissure, assez profonde. Côtes légèrement flexueuses au voisinage de leur point de division, mais un peu moins que cela ne se voit dans l'*Am. Calisto* type.

Fig. 1.

Hoplites delphinensis, n. sp. du tithonique supérieur de Luc-en-Diois (Drôme).

Possédant des tours un peu plus embrassants que *Hopl. privasensis*, cette coquille appartient au groupe des *Hopl. Calisto* et *carpathicus*.

Gisement. — Très abondant dans les calcaires bréchoïdes (poudingues de Luc), qui forment, dans la Drôme, une partie du tithonique supérieur.

Localités : Claps-de-Luc (Drôme) [échantillon figuré ci-contre et recueilli par M. Garnier, coll. de la Sorbonne]; bassin de Valdrome (Drôme) [M. Kilian], etc.

Assez rare dans les marnes blanches (tithonique supérieur) de Fuente de los Frailes.

140. Hoplites Vasseuri n. sp.

Pl. XXX, fig. 2 *a*, *b*.

Coquille discoïdale très plate, ornée, autour de l'ombilic, de 20 à 25 tubercules émoussés, mais assez saillants, qui servent de point de départ à un faisceau de côtes peu marquées, souvent même effacées sur les flancs. Ces côtes deviennent plus saillantes sur le bord de la région ventrale où on en compte de 85 à 90 dirigées en avant. Elles sont interrompues brusquement sur la ligne siphonale par un sillon assez accentué, de chaque côté duquel elles forment de petits renflements.

Spire formée de tours très aplatis, se recouvrant sur un tiers de leur largeur.

Ouverture beaucoup plus haute que large.

Flancs plats; région ventrale étroite, creusée d'un sillon. Ombilic peu profond.

Cloisons inconnues.

Diamètre de l'échantillon figuré . . . . 67 millim.
Diamètre de l'ombilic. 27
Largeur du dernier tour 24
Épaisseur 11

Rapports et différences. — Forme du groupe de *Hoplites Chaperi*, dont elle se distingue par l'absence de la seconde rangée de tubercules, et par la grande atténuation des ornements sur les flancs, ainsi que par l'aplatissement de la coquille.

Gisement. — Loja.

141. Hoplites Botellae n. sp.

Fig. 2 (ci-contre) et pl. XXXI, fig. 5, *a, b.*

Coquille discoïdale, ornée de côtes *flexueuses* dont une partie seulement part de l'ombilic. Ces côtes forment des groupes ou faisceaux faisant saillie au bord de l'ombilic sous la forme de tubercules très émoussés dans lesquels s'intercalent, du côté externe, un nombre variable de côtes courtes, naissant des précédentes par bifurcation. Les côtes sont brusquement interrompues sur la face siphonale, où elles se renflent légèrement de chaque côté d'une bande médiane.

Fig. 2.

Hoplites Botellae, n. sp. de Loja.

Dans le jeune, les côtes sont plus régulièrement disposées, elles ne forment pas de faisceaux et ne présentent qu'un léger renflement ombilical.

Vers le milieu des flancs, on remarque (fig. 2) parfois des tubercules isolés distribués d'une façon très irrégulière et placés au point de bifurcation des côtes; ça et là s'observent des sillons peu profonds et flexueux comme les côtes elles-mêmes.

Spire formée de tours se recouvrant sur un cinquième à peine de leur largeur, aplatis sur les flancs. Ouverture plus haute que large, la plus grande largeur étant vers le milieu des flancs. Région ventrale déprimée sur la ligne siphonale.

Flancs peu convexes. Ombilic assez ouvert.

Cloisons inconnues.

> Diamètre de l'échantillon figuré . . . . 5 1 millim. . .
> Diamètre de l'ombilic, à peu près 17

Rapports et différences. — Cette espèce appartient au groupe du *Hoplites Chaperi*; elle se distingue des espèces voisines par ses côtes fasciculées, plus flexueuses, par sa forme plate et surtout par son ornementation irrégulière.

Gisement. — Tithonique. Loja. Rare.

Le dessin pl. XXXI, fig. 5 n'étant pas suffisant, nous avons intercalé dans le texte (fig. 2 ci-contre) une figure représentant le même échantillon.

142. Hoplites Castroi n. sp.

Pl. XXXII, fig. 2.

Coquille discoïdale, aplatie, ornée par tour de 18 côtes principales, espacées, légèrement flexueuses, formant à leur naissance, près de l'ombilic, un léger tubercule. Un peu au delà de la moitié des flancs, ces côtes se divisent et se multiplient par intercalation, de sorte que le nombre des côtes est trois ou quatre fois plus grand sur le pourtour externe des flancs. Ces petites côtes, d'abord légèrement infléchies en arrière, sont dirigées en avant. Les côtes sont toutes interrompues sur la région siphonale assez étroite.

Spire formée de tours aplatis, se recouvrant sur un quart environ de leur largeur.

Ouverture plus haute que large; flancs plats, ombilic ouvert.

Cloisons inconnues.

IMPRIMERIE NATIONALE

Diamètre de l'échantillon figuré. . . . .   46 millim.
Diamètre de l'ombilic.   16
Largeur du dernier tour   17

Rapports et différences. — Groupe de *Hoplites Chaperi*. Elle en diffère par l'absence des deux rangées de tubercules sur les côtes primaires, la forme *flexueuse* des côtes et le plus grand nombre de côtes intercalées.

Voisine de l'*Am. Vasseuri*, elle s'en distingue par ses côtes primaires plus longues et par la place des points de bifurcation, qui est plus rapprochée de la région ventrale dans notre espèce.

Hoplites Botellae qui est du même groupe, n'a pas de côtes primaires et les côtes fasciculées partent directement des tubercules ombilicaux.

Hoplites Malladae a les tours plus étroits et les côtes plus droites.

Gisement. — Tithonique à *Pyg. diphya.* Cabra.

143. **Hoplites cf. occitanicus** Pictet.

Pl. XXXI, fig. 4.

1868. Pictet, *Mél. pal.,* pl. XXXIX, fig. 1.

C'est à cette détermination que nous nous sommes arrêté pour l'individu représenté pl. XXXI, fig. 4, quoique le type de Pictet possède des côtes plus nombreuses et des tubercules plus serrés que le nôtre.

Espèce caractéristique des couches de Berrias,

Calcaires rouges de Fuente de los Frailes (échantillon figuré).

144. **Hoplites Chaperi** Pictet.

Pl. XXX, fig. 5 et pl. XXXI, fig. 1.

1861. Pictet, *Mél. pal.,* pl. XXXVII, fig. 1-3.

Nous avons fait figurer ici, d'après de très bons moulages de la

. collection de la Sorbonne, des types de l'espèce dont les originaux, étiquetés par Pictet lui-même, sont à l'École des Mines. .

Ces échantillons appartiennent bien à l'espèce représentée aux figures 1, 2 et 3 (pl. XXXVII) de Pictet.

Hopl. privasensis adulte a beaucoup d'analogie avec *Hopl. Chaperi*. D'un autre côté, les deux espèces sont très voisines dans le jeune âge; cependant l'*Am. privasensis* a des côtes un peu plus nombreuses et un peu plus infléchies en avant, et ces côtes n'ont *aucune tendance* à former des tubercules.

Espèce spéciale au tithonique supérieur du Dauphiné et de la Haute-Provence.

Gisement des échantillons figurés. — Aizy (Isère) [moulage de la coll. Lory, déposé à la Sorbonne].

Marnes blanches à *Pyg. diphya.*

Fuente de los Frailes.

145. Hoplites Tarini n. sp.

Pl. XXX, fig. 4 *a, b.*

Nous séparons de l'*Am. Chaperi* Pictet une forme très voisine, mais dont certains caractères permettent de faire une espèce à part :

1° Les côtes ombilicales, tuberculeuses sont moins nombreuses que dans *Hopl. Chaperi*. (Sur un fragment de même taille, il y en a 7 dans *Hopl. Tarini* et 13 dans *Hopl. Chaperi.*)

2° Les côtes externes sont un peu plus nombreuses; elles paraissent plus serrées que dans *Hopl. Chaperi* à cause du moins grand nombre des côtes ombilicales.

3° Dans notre espèce, les flancs sont plus aplatis, la face siphonale plus large et l'ouverture plus rectangulaire.

Nous dédions cette forme à M. Gonzalo y Tarin, qui a si bien étudié au point de vue géologique les provinces de Grenade et de Malaga.

12.

Gisement. — Marnes blanches à *Pyg. diphya.* Fuente de los.
Frailes.

146. Hoplites Macphersoni n. sp.

Pl. XXXI, fig. 2 *a, b.*

Coquille discoïdale, ornée par tours de 25 côtes formant autour
de l'ombilic des tubercules émoussés, allongés dans le sens du
rayon. Ces côtes s'atténuent vers le milieu des flancs où elles
tendent à s'effacer, puis se divisent en trois ou quatre rameaux qui
vont aboutir à la région ventrale, où chacun d'eux se renfle sur les
bords d'une bande lisse occupant la partie siphonale de la coquille. Il en résulte qu'au lieu des 25 côtes du bord ombilical, on
en compte, sur le bord externe du tour, environ 80. On remarque que certaines côtes se terminent du côté ventral par un
tubercule plus fort. La bifurcation des côtes ombilicales a lieu
vers le milieu des flancs, elle est peu nette dans l'adulte; dans
le jeune, on remarque vers le point de division les représentants
d'une seconde rangée de tubercules, ce qui rappelle l'*Am. Chaperi.* Les tubercules ombilicaux sont fort atténués dans les tours
internes.

Spire formée de tours se recouvrant sur un quart de leur largeur.

Ouverture plus haute que large, la plus grande largeur étant dans
la région ombilicale.

Région ventrale légèrement aplatie sur la ligne siphonale. Flancs
peu convexes, formant une arête mousse autour de l'ombilic.

Cloisons inconnues.

Diamètre de l'échantillon figuré.............	82 millim.
Diamètre de l'ombilic....................	32
Largeur du dernier tour.................	31
Épaisseur du dernier tour................	21

Rapports et différences. — Cette espèce appartient au groupe

des *Hoplites* dérivés du *Perisphinctes transitorius;* le sillon ventral
est encore peu accusé. Elle se rapproche des *Hoplites Chaperi*
dont elle diffère par l'existence d'une seule rangée *constante* (autour de l'ombilic) de tubercules au lieu de deux. Nous avons
vu que, dans les tours externes de notre espèce, il existait des
vestiges de la deuxième rangée de tubercules, vers le milieu des
flancs.

Gisement. — Couches à *Am. transitorius.* Fuente de los Frailes.

147. Hoplites Malladae n. sp.

Pl. XXXI, fig. 6 *a, b.*

(*Am. submalbosi* de Verneuil in coll.)

Coquille discoïdale, ornée par tour de 20 à 25 côtes principales naissant du bord de l'ombilic; elles sont très aiguës, droites,
accentuées, s'étendant jusque vers le milieu des flancs où elles
portent l'indication d'un tubercule. A partir de cette région, elles
s'atténuent et se divisent en trois branches moins fortes qui vont
aboutir chacune à un tubercule externe sur le bord de la ligne siphonale lisse.

Les côtes principales se continuent directement par l'une des
trois branches susmentionnées; les deux autres semblent parfois simplement intercalées entre les côtes primaires. Région
ventrale lisse au milieu, portant de chaque côté des tubercules
ronds et pointus, ce qui donne à la ligne siphonale l'apparence
d'un sillon. Dans le jeune, les côtes sont plus accentuées que dans
l'adulte.

Spire formée de tours étroits et aplatis se recouvrant sur
un cinquième environ de leur largeur. Ouverture subquadrangulaire, la plus grande largeur étant vers la partie interne des
flancs.

Flancs peu convexes, s'abaissant vers la région externe.

Cloisons inconnues.

Diamètre de l'échantillon figuré.............. 47 millim.
Diamètre de l'ombilic..................... 21
Largeur du dernier tour................... 13
Épaisseur du dernier tour, environ.......... 10

Rapports et différences. — Cette espèce se rattache au groupe de *Hoplites Chaperi;* elle s'en distingue par l'étroitesse de ses tours, par ses tubercules externes plus accentués et par ses côtes droites et non infléchies en avant.

Gisement. — Tithonique supérieur de Fuente de los Frailes, près Cabra.

Un seul exemplaire (coll. de Verneuil). Un moulage est déposé dans la collection de la Sorbonne.

148. Hoplites Malbosi Pictet sp.

Pl. XXXII, fig. 4 a, b.

1867. Pictet, *Mél. pal.*, pl. XIV, fig. 2.

Nous représentons un fragment de petite taille qui semble se rapporter à certaines variétés de cette espèce du niveau de Berrias, figurées par Pictet.

Zone à *Pyg. diphya.* Loja. Fuente de los Frailes.

149. Hoplites Andreaei n. sp.

Pl. XXXII, fig. 1.

Coquille discoïdale, ornée par tours d'une trentaine de fortes côtes partant de l'ombilic.

Les unes restent simples, d'autres se bifurquent et se trifurquent alternativement ou même se divisent en quatre branches vers le milieu des flancs où elles se renflent parfois en un tubercule pointu (surtout en avançant en âge).

Il résulte de cette division que l'on compte environ 60 côtes sur le pourtour externe qu'elles ne traversent pas, laissant sur la ligne siphonale une bande lisse. De chaque côté de cette bande, les côtes se terminent par des tubercules comprimés plutôt tangentiellement que radialement et correspondant, dans un grand nombre de cas, à deux côtes (issues souvent de deux côtes primaires différentes) qui se réunissent sur le pourtour ventral. Ces tubercules sont de grosseur très variable et disposés de chaque côté d'une bande siphonale lisse assez large. Quelques côtes ne forment pas de tubercule.

Spire formée de tours assez épais se recouvrant sur un tiers environ de leur largeur.

Ouverture hexagonale, un peu plus large vers le milieu des flancs que près de l'ombilic.

Région ventrale aplatie sur la ligne siphonale, large et rendue plus large encore par la présence des tubercules qui la bordent.

Cloisons inconnues.

Diamètre de l'échantillon figuré..............	74 millim.
Diamètre de l'ombilic....................	30
Largeur du dernier tour...................	27
Hauteur	27
Épaisseur (au niveau des tubercules, c'est-à-dire au milieu)............................	24

Rapports et différences. — Cette forme, faisant partie du groupe de *Hoplites Malbosi* et *Euthymi*, se fait remarquer par le peu de régularité de son ornementation.

Hoplites Malbosi Pictet a un sillon ventral moins accentué et l'ornementation plus régulière. Les côtes primaires montrent deux rangées de tubercules et sont moins serrées.

Hoplites Euthymi Pictet a des côtes plus fortes et beaucoup plus espacées, les tubercules du côté siphonal sont également moins nombreux dans l'espèce de Berrias et de grosseur plus égale.

Gisement. — Cabra (coll. de Verneuil, moulage à la Sorbonne).

150. Hoplites Bergeroni n. sp.

Pl. XXXIJ, fig. 3 a, b.

Coquille discoïdale, ornée dans le jeune âge de côtes flexueuses; au diamètre de 45 millim., ces côtes s'atténuent fortement et disparaissent presque. Elles sont indiquées alors par trois rangées de gros tubercules disposés de la manière suivante :

1° Une rangée située non loin de l'ombilic;

2° Une autre un peu au delà du milieu des flancs.

Ces tubercules, assez saillants, comprimés plutôt radialement, marquent la place de côtes primaires qui sont indiquées par un renflement reliant à ces tubercules :

3° Une troisième rangée située sur le bord du contour siphonal et composée d'un nombre plus considérable de tubercules *allongés dans le sens tangentiel*.

Des côtes peu prononcées, partant de la deuxième série de tubercules et d'autres intermédiaires et naissant sur les flancs, entre les tubercules, vont aboutir à ces tubercules de troisième ordre et souvent de telle façon qu'un tubercule correspond alors à la réunion de deux ou trois côtes.

Toutes les côtes ne forment pas des tubercules; il y en a de simples.

Le côté ventral, entre les deux rangées de tubercules, est aplati et à peu près lisse.

Spire formée de tours se recouvrant très peu, assez larges; ombilic assez étroit. Ouverture plus haute que large.

Région ventrale assez large, aplatie sur la ligne siphonale.

Flancs convexes, s'abaissant graduellement vers l'ombilic.

Cloisons inconnues.

Diamètre de l'échantillon figuré	70 millim.
Diamètre de l'ombilic	26
Largeur du dernier tour	28
Épaisseur, à peu près	22

Nous possédons un échantillon moins bien conservé, du diamètre de 105 millim., et qui montre que, dans l'adulte, les deux rangées de tubercules latéraux se confondent en une côte unique et très forte.

Rapports et différences. — Exagération des caractères indiqués dans *Hoplites Andreæi.* Notre forme rappelle aussi *Hoplites radiatus* qui, cependant, est facile à distinguer par ses côtes.

Gisement. — Marnes blanches à *Pyg. diphya.* Fuente de los Frailes.

151. Hoplites **Koellikeri** Oppel sp.

1868. Zittel, *Stramberg,* pl. XVIII, fig. 1 et 2, p. 95.

Tithonique supérieur de Vérone, de Stramberg.
Fuente de los Frailes, Loja.

152. Hoplites **microcanthus** Oppel sp.

1868. Zittel, *Stramberg,* pl. XVII, fig. 1-5, p. 93.

La dépression siphonale, nulle à un diamètre de 25 millim., apparaît bientôt pour disparaître de nouveau dans l'adulte.

Nous attribuons à cette espèce ou à la précédente une série de petits échantillons de Cabra à côtes interrompues du côté ventral et légèrement tuberculeuses.

Tithonique supérieur du Véronais, de Stramberg, Sisteron (Basses-Alpes), vigne Droguet, Algérie.

Tithonique inférieur du Tyrol.

Tithonique. Loja. Illora (calcaires blancs). Cabra (coll. de Verneuil).

153. Hoplites **symbolus** Oppel sp.

1868. Zittel, *Stramberg,* pl. XVI, fig. 6-7, p. 96.

Un exemplaire. Tithonique à *Pyg. diphya.* Loja.
M. Zittel cite cette espèce de Cabra.

154. **Hoplites progenitor** Opp. sp.

1868. Zittel, *Stramberg*, pl. XVIII, fig. 3, p. 99.

Tithonique supérieur. Véronais, Stramberg.
Couches à *Pyg. diphya.* Cabra. Loja.

155. **Peltoceras Cortazari** n. sp.

Pl. XXXIII, fig. 1 *a, b*, 2 et 3.

1868. *Pelt. athleta* Sow. in Zittel, *Stramberg*, pl. XVI, fig. 5 *a-c*, p. 94.

Nous figurons, sous le nom de *Peltoceras Cortazari*, une espèce qui se trouve aussi à Stramberg et que M. Zittel a rapportée avec doute à l'*Am. athleta* de Sowerby.

Coquille discoïdale, arrondie à son pourtour, ornée par tour de 26 à 30 côtes droites de plusieurs sortes. Les unes sont simples, d'autres bifurquées, d'autres encore trifurquées ou divisées en quatre. Toutes ces côtes sont saillantes et épaisses sur la moitié interne des flancs. Celles qui se divisent portent un fort tubercule mousse à la naissance de la bifurcation, vers le milieu des flancs. Toutes les côtes, simples ou divisées, passent sur la région ventrale sans s'interrompre.

Ouverture plus large que haute, quadrilatérale, sa plus grande largeur est vers la moitié externe des flancs.

Spire formée de tours qui se recouvrent sur un tiers de leur largeur.

Flancs régulièrement convexes.

Cloisons inconnues.

Diamètre d'un échantillon de Fuente de los Frailes
(fig. 1 *a*)............................. 43 millim.
Diamètre de l'ombilic du même échantillon...... 18
Épaisseur du dernier tour, environ........... 18
Largeur du dernier tour.................. 15

Nous avons fait représenter (fig. 2 et 3) des fragments qui paraissent appartenir à des exemplaires plus grands de la même espèce. Dans ces échantillons, la région externe des tours tend à s'arrondir et la largeur de l'ouverture diminue par rapport à la hauteur. Les côtes, disposées comme dans l'échantillon type, deviennent moins nombreuses et plus fortes.

Peltoceras Cortazari se distingue de *Pelt. athleta* par l'irrégularité des divisions de ses côtes, par l'existence d'une seule rangée médiane de tubercules sur les flancs au lieu de deux, enfin par la persistance, sur la région ventrale, des côtes nettement divisées dans l'adulte.

Assez rare. Tithonique supérieur de Fuente de los Frailes.

156. Peltoceras Edmundi n. sp.

Pl. XXXII, fig. 5 *a*, *b* et *c*.

Coquille discoïdale, à tours arrondis, ornés en travers de très grosses côtes qui passent sans s'interrompre sur la face ventrale. Ces côtes sont au nombre de 13 sur le dernier tour, assez espacées, droites; elles portent l'indice d'un tubercule sur la région externe des flancs. Dans le jeune (fig. 5 *c*), le nombre des côtes est notablement plus grand (24 par tour) les tubercules sont de véritables épines et donnent chacun naissance à trois côtes, qui passent sans s'interrompre sur la région ventrale.

A un âge plus jeune encore, il n'y a pas de tubercules, et la coquille est ornée de côtes simples qui, plus tard, se réunissent deux à deux pour former des épines.

Ouverture un peu plus large que haute, la présence des tubercules dans le jeune lui donne une forme de quadrilatère. La plus grande largeur est du côté externe.

Flancs régulièrement arrondis. Tours se recouvrant à peine. Cloisons inconnues.

Diamètre de l'échantillon figuré	82 millim.
Diamètre de l'ombilic	36
Largeur du dernier tour	27
Épaisseur du dernier tour	36

13.

Cette espèce appartient par son ornementation au genre *Peltoceras*, comme le montrent les épines externes des côtes et la bifurcation de ces côtes sur la face ventrale dans le jeune. Elle a beaucoup de rapports avec *Pelt. athleta*, mais s'en distingue par ses
tours plus renflés (ses côtes passant sur la région ventrale dans
l'adulte) et par l'absence de tubercules ombilicaux.

Tithonique à *Pygope diphya* de Loja.

Un seul exemplaire.

157. Aspidoceras longispinum Sow. sp.

1863. Oppel, *Pal. Mitth.*, pl. LX, fig. 2, p. 218 (*Am. iphicerus*).
1868. Pictet, *Mél. pal.*, pl. XXXVII *bis*, fig. 4, 5 (*Am. iphicerus*).
1870. Zittel, *Aelt. Tithon.*, pl. XXX, fig. 1, p. 193 (*Asp. iphicerum*).

Nos échantillons ont les tubercules un peu plus rapprochés que
l'exemplaire figuré par M. Zittel; ils rappellent beaucoup l'*Am.
(Aspidoceras) catalaunicus*, de Loriol (Haute-Marne, pl. IV, fig. 1).

Débute dans la zone à *Am. tenuilobatus* et se continue dans le
portlandien des environs d'Ulm et dans le tithonique. M. Zittel
figure l'*Asp. iphicerum* de Monte Catria (tithonique inférieur).

Tithonique inférieur du Diois, des Basses-Alpes, de Lémenc,
du Véronais, de l'Apennin, de la Sicile, des Karpathes.

Zone à *Am. transitorius* et *Pyg. diphya*. Loja, Fuente de los
Frailes.

M. Favre cite l'*Asp. longispinum* typique comme se rencontrant
à Cabra.

158. Aspidoceras avellanum Zitt.

1868. Zittel, *Aelt. Tithon.*, pl. XXXI, fig. 2 et 3, p. 204.

Forme du Diphyakalk, de Rogoznik et de Monte Catria; se
trouve au Pouzin (Ardèche).

Zone à *Am. transitorius*, Loja. Assez commun.

159. Aspidoceras Schilleri Opp. sp.

1862. Oppel, *Pal. Mitth.*, pl. LXI, fig. 1, p. 221.

Cette espèce, à ombilic profond, est connue dans le jurassique extraalpin.

Tithonique. Loja.

160. Aspidoceras Rogoznicense Zeuschner, sp.

1846. Zeuschner, pl. IV, fig. 4 *a-d*.
1868. Zittel, *Stramberg*, pl. XXIV, fig. 4, p. 117.
1870. Zittel, *Aelt. Tithon.*, pl. XXXI, fig. 1, p. 197.

Tithonique inférieur et supérieur du Véronais.

Tithonique inférieur de Sicile, de l'Apennin, du Tyrol, des Karpathes. Tithonique supérieur de Stramberg.

Cabra. Loja. Assez commun.

161. Aspidoceras cyclotum Opp. sp.

1870. Zittel, *Aelt. Tithon.*, pl. XXX, fig. 2-5, p. 201.

Espèce débutant dans les couches à *Am. acanthicus* et abondante dans le Klippenkalk. En France, elle existe à Lémenc et à Crussol.

Assez rare. Marnes blanches de Fuente de los Frailes.

162. Aptychus latus Park.

Pl. XXVII, fig. 2 *a, b*.

1868. Pictet, *Mél. pal.*, pl. XLIII, fig. 1-4.
1875. Pillet et de Fromentel, *Lémenc.*, pl. III, fig. 7-9.
1875. Favre, *Voirons*, pl. VII, fig. 13, p. 47.
1880. Favre, *Alpes fribourgeoises*, pl. III, fig. 11 et 12.

Espèce du tithonique inférieur du Véronais, des Alpes, de la

Vénétie et des Alpes fribourgeoises; en France, elle existe à Montclus, Chasteuil, et à la Porte-de-France.

Se rencontre aussi dans le malm extraalpin et dans la zone à
Am. acanthicus.

Très abondant dans les marnes blanches de Fuente de los Frailes;
calcaire rouge à *Am. transitorius* de la même localité.

163. Ancyloceras sp.

Distinct de l'*Ancyloceras Guembeli* Opp. (Zitt., *Aelt. Tith.*,
pl. XXXVI, fig. 1 et 2), mais trop mal conservé pour servir de
type à une nouvelle espèce.

Marnes blanches à *Pyg. diphya.* Fuente de los Frailes.
Un exemplaire.

164. Pleurotomaria sp.

Nous possédons un exemplaire mal conservé d'un Pleuroto-
maire qui pourrait être rapproché du *P. macromphalus* Zitt.
(*Stramberg*, pl. L, fig. 4), si l'état de l'échantillon permettait une
détermination spécifique.

Couches à *Pygope diphya.* Fuente de los Frailes.

165. Corbula cf. Pichleri Zittel.

1870. Zittel, *Aelt. Tithon.*, pl. XXXVI, fig. 8, p. 237.

Tithonique inférieur du Véronais, du Tyrol, Klippenkalk.
Marnes blanches, Fuente de los Frailes. Rare.

166. Anisocardia tyrolensis Zitt.

1870. Zitt., *Aelt. Tithon.*, pl. XXVI, fig. 9, p. 238.

Forme du Diphyakalk de Roveredo (Tyrol méridional).
Un échantillon. Marnes blanches de Fuente de los Frailes. Rare.

167. Aucella carinata Parona sp.

Pl. XXXIII, fig. 5 *a*, *b*.

1885. Nicolis e Parona, pl. IV, fig. 8 *a*, *b* et *c*. (*Tith. sup.*)

C'est à cette espèce que nous attribuons la coquille figurée
(pl. XXXIII, fig. 5 *a*, *b*) qui provient des marnes blanches de
Fuente de los Frailes (coll. de Verneuil). Elle ressemble aussi à
Aucella Zitteli Neumayr. Nos échantillons, dont la conservation
insuffisante ne permet pas de préciser la détermination générique
(probablement doivent-ils se rattacher au genre *Aucella*), présentent tous les caractères de l'espèce de Parona. L'ornementation
est la même, l'oreillette antérieure est identique et la lunule
également creusée d'une dépression. Seule la carène qui divise
la coquille est moins accentuée sur nos exemplaires.

Cette espèce se rapproche aussi de *Modiola Lorioli* Zitt. (*Aelt.
Tith.*, pl. XXXVI, fig. 10 et 11, p. 238).

168. Panopaea sp.

Exemplaire mal conservé. Cabra.

169. Pygope diphya F. Col. sp.

1867. Pictet, *Mél. pal.*, pl. XXXI, p. 166 (spécialement fig. 3).
1870. Zittel, *Aelteres Tithon.*, p. 244, pl. XXXVII, fig. 1-10.

Cette forme, d'ordinaire spéciale au tithonique inférieur, se
rencontre en Andalousie, jusqu'au sommet de l'étage où elle est associée à *Pyg. janitor* et à des *Hoplites* berriasiens.

Très abondant, en exemplaires d'une rare conservation. Marnes
blanches de Fuente de los Frailes. Loja. (Calcaires rouges inférieurs.)

170. **Pygope janitor** Pictet sp.

1867. Pictet, *Mél. pal.*, pl. XXIX, fig. 5, p. 161.

On le cite dans la zone à *Am. acanthicus* (Alpes de Fribourg), à Lémenc, aux Voirons, dans la Drôme, ainsi que dans le titho-nique, à Stramberg, à Koniakau. Elle persiste jusque dans le néo-comien. Le *Pygope janitor* se montre en effet, comme on sait, d'après certains auteurs, dès la zone à *Waagenia Beckeri* (à Gyilkos-Kö [Karpathes] et à Crussol [d'après Fontannes]). Son gisement principal est dans les couches à *Am. transitorius* : Diois, Chau-don, Chasteuil, Montclus, Porte-de-France; elle accompagne le *Pyg. diphya* à Cabra (Andalousie) où nous avons recueilli les deux es-pèces dans un même banc. Enfin nous l'avons rencontrée dans les couches à *Am. difficilis* (barrêmien), de Vergons (Basses-Alpes). Dans le Tyrol, MM. Uhlig et Haug l'ont signalée dans le néo-comien inférieur et moyen. Il y a déjà longtemps, du reste, que M. Vélain avait rencontré cette espèce dans le néocomien moyen des Basses-Alpes.

Calcaire rouge de Fuente de los Frailes. Assez rare.

Nous en avons recueilli deux échantillons; la collection de Ver-neuil en contient deux aussi.

171. **Pygope Catulloi** Pictet sp.

1867. Pictet, *Mél. pal.*, p. 202 = *Ter. dilatata* Cat., Pictet, *Mél. pal.*, pl. XXXII, p. 171.
1870. *T. diphya*, var. *Catulloi*, Zitt., *Aelt. Tith.*, p. 244 et suiv.

La forme que nous avons rencontrée à Cabra reproduit exacte-ment celle du Klippenkalk.

Cette espèce est répandue dans le tithonique des Alpes, au nord de la Vénétie, aux Sette Communi, à Volano, à Rogoznik, dans le Véronais (tithonique inférieur et supérieur).

Calcaire rouge et marnes blanches de Fuente de los Frailes.

171 *bis*. **Pygope triangulus** Lam. sp.

1867. Pictet, *Mél. pal.*, pl. XXXIV, fig. 1-3, p. 180.
1870. Zittel, *Aelt. Tith.*, p. 249.

Cette espèce se rencontre dans le tithonique inférieur, aux Sette Communi, à Volano, à Roveredo, aux environs de Vérone (tithonique inférieur et supérieur). M. Haug la cite du néocomien du Tyrol.

Nous mentionnerons spécialement ici certaines variétés très allongées, rapportées par de Verneuil, et que le manque de place nous empêche de figurer.

Calcaires rouges à *Pyg. diphya*. Loja, Fuente de los Frailes. Assez rare.

172. **Pygope Bouei** Zeuschner sp.

1846. Zeuschner, *Nowe lab niedokladnie opisane*, etc., p. 27, pl. III, fig. 1 *d-f*.
1870. Zittel, *Aelt. Tith.*, pl. XXXVII, fig. 15-24, p. 249.

Débute dans la zone à *Am. acanthicus*.

Tithonique inférieur des environs de Vérone, des Carpathes, de l'Apennin, de la Sicile, etc.

Couches à *Pyg. diphya*. Fuente de los Frailes. Marne à rognons de Cabra. Rare.

173. **Terebratulina substriata** Schloth. sp.

1871. Quenstedt, *Brachiopoden*, pl. XLIV, fig. 12-22.

Tithonique. Cabra. (Coll. de Verneuil.)

174. **Holectypus** n. sp.

Cette espèce se distingue de *Holectypus corallinus* par la position du périprocte qui est plus éloigné du bord marginal. Sa forme

14

subpentagonale le rapproche de cette dernière espèce. Malheureusement l'échantillon unique que nous avons eu sous les yeux est trop mal conservé pour pouvoir être figuré.

Tithonique. Cabra. (Coll. de Verneuil.)

175. **Metaporhinus convexus** (Cat. sp.) Cott.

1867. *Met. transversus* Cotteau, *Pal. fr. Ter. jur. Échin. irrég.*, pl. IV.
1870. Cotteau in Zittel, *Aelt. Tith.*, p. 269, pl. XXXIX, fig. 1-4.
1885. Cotteau in Zittel, *Échin. de Stramberg*, pl. 1, fig. 1-5.

Le *Met. convexus* débute dans la zone à *Am. acanthicus*.

Cette espèce est abondante dans les Alpes de Fribourg, les Carpathes, le Tyrol méridional, le Véronais (tithonique inférieur et supérieur). Elle existe à Stramberg. On la rencontre également à la Porte-de-France et à Oued Soubella (Algérie).

Marnes blanches à *Pyg. diphya* de Fuente de los Frailes. Très abondant.

Cité en 1870 de Cabra par M. Cotteau.

176. **Collyrites Verneuili** Cott.

1870. Cotteau in Zittel, *Aelt. Tith.*, p. 272, pl. XXXIX, fig. 7 et 8.

On connaît le *Coll. Verneuili* du tithonique inférieur des Carpathes, du Tyrol méridional, du Véronais (tithonique inférieur et supérieur).

M. Cotteau le cite de Cabra.

Fuente de los Frailes (marnes blanches). Commun.

177. **Collyrites friburgensis** Oost.

1869. Cotteau, *Pal. fr. Ter. jur. Échin. irrég.*, t. 1, p. 86, pl. XIX.
1870. Cotteau in Zittel, *Aelt. Tith.*, p. 270, pl. XXXIX, fig. 5 et 6.

Cette espèce débute dans la zone à *Am. acanthicus*.

Le *Coll. friburgensis* se rencontre dans le tithonique des Alpes de Fribourg, d'Algérie, des Carpathes, du Tyrol méridional, du Véronais (tithonique inférieur).

M. Cotteau (in Zittel) la citait déjà en 1870 de Cabra.

Tithonique supérieur. Fuente de los Frailes. Assez commun.

178. Hemicidaris Zignoi Cott.

Pl. XXXIII, fig. 6.

1858. Cotteau, *Échinides nouv. ou peu connus*, p. 181, n° 98, pl. XXV, fig. 5 et 6; p. 181, n° 98.
1870. Cotteau in Zittel, *Aelt. Tith.*, p. 272, pl. XXXIX, fig. 9 *a-c*.

De Verneuil avait rapporté quelques radioles de cette espèce très abondante à Cabra. M. Mallada vient d'en faire figurer également dans son *Synopsis*. On a constaté sa présence dans le Tyrol méridional et dans le Véronais (tithonique inférieur).

Marnes blanches. Fuente de los Frailes. Très abondant. M. Zittel la cite de Cabra.

179. Cidaris sp.

Marnes blanches à *Pyg. diphya*. Fuente de los Frailes. (Coll. de Verneuil.)

180. Encrine.

On trouve dans la couche à éléments remaniés qui, près de Cabra, couronne le tithonique, une Encrine qui paraît être la même que celle que l'on a rencontrée dans la brèche d'Aizy, ainsi que nous avons pu le vérifier sur des échantillons de la collection de la Sorbonne.

14.

Le tableau ci-joint permet de se rendre compte de la distri-
bution, dans les diverses assises de l'étage tithonique, des éléments que comprend la remarquable faune que nous venons d'étudier.

La faune tithonique de l'Andalousie se compose de 93 espèces
dont 19 formes nouvelles, 20 espèces crétacées qui persistent
dans des couches plus élevées (9 ne dépassant pas l'horizon de
Berrias et 11 connues en outre dans le néocomien), 23 espèces à
cachet plus ancien. Parmi ces dernières, la plupart se sont rencon-
trées dans les assises typiques du jurassique supérieur des régions
alpines et méditerranéennes (*Phyll. ptychoicum* [*semisulcatum*],
Haploceras Stazycsii, *Hapl. carachteis*, *Aptychus latus*, *Apt. punctatus*,
Racophyllites Loryi, *Perisphinctes colubrinus*, *Perisph. contiguus* Zitt.,
Perisph. prætransitorius, *Per. Lorioli*, *Per. Heimi*, *Simoceras ra-
chystrophum*, *S. volanense*, *Aspidoceras longispinum*, *Asp. avellanum*,
Asp. cyclotum, *Pygope Bouei*, *Pyg. janitor*, *Metaporhinus convexus*, *etc.*) et 8 formes sont communes au tithonique et au ju-
rassique extraalpin (*Aptychus latus*, *Perisphinctes colubrinus*, *Per.
Lorioli*, *Aspidoceras longispinum*, *Asp. cyclotum*, *Asp. Schilleri*, *Asp.
avellanum*, *Terebratulina substriata*).

Il est très important de noter que les 20 formes crétacées ou
berriasiennes citées plus haut se rencontrent presque exclusive-
ment (sauf *Lyt. quadrisulcatum*, *L. Juilleti* [*sutile*], *Liebigi*, *Honnorati* [*municipale*], *Phyll. Calypso*, *semisulcatum*, *Holc. Grotei*,
Hoplites Malbosi) dans la division supérieure de l'étage, tandis que
les formes franchement jurassiques (*Rhacophyllites Loryi*, *Perisphinctes colubrinus*, *Per. Heimi*, *Aspidoceras longispinum*, *Asp. Schilleri*, *Asp. avellanum*) appartiennent toutes à l'assise inférieure qui
correspondrait au Klippenkalk des Alpes orientales.

En outre un grand nombre d'espèces (15) sont ici communes aux
deux sous-étages et plus spécialement caractéristiques du tithonique dans son ensemble. Ce sont notamment : *Aptychus punctatus*,
A. Beyrichi, *L. Juilleti* (*sutile*), *Phyll. Calypso* (*silesiacum*), *semisulcatum* (*ptychoicum*), *Perisphinctes transitorius*, *Per. senex*, *Per. Lorioli*,

*Per. Richteri, Asp. rogoznicense, Pygope diphya, P. janitor, P. Ca-
tulloi, P. triangulus* et d'autres encore.

Il y a donc lieu de distinguer dans le tithonique, au point de
vue de la faune :

1° Un sous-étage inférieur (**couches à Perisphinctes geron**), à
affinités jurassiques, qui contient encore quelques espèces du
jurassique classique (*Rhacophyllites Loryi, Perisphinctes colubrinus,
Oppelia* sp., *Aspidoceras longispinum, Schilleri,* etc.) ne se montrant
jamais plus haut. Cette couche nous présente 33 espèces qui se
retrouvent dans le Diphyakalk (tithonique inférieur) et 31 formes
seulement existant dans les couches de Stramberg (tithonique
supérieur);

2° Un sous-étage supérieur (**couches à Hoplites Calisto et Hopl.
delphinensis**) à affinités crétacées dans lequel apparaissent une
grande partie des formes de Berrias et quelques espèces du néocomien proprement dit (*Bel.* [*Duvalia*] *latas, Hapl. Grasi, Holc.
narbonensis, Holc. pronus, Holc. Negreli, Hopl. privasensis, Hopl.
occitanicus*). Cette zone supérieure est caractérisée par l'abondance
de formes nouvelles du groupe des *Hoplites Chaperi, Malbosi* et
privasensis. En Andalousie, nous avons vu (voir le Mémoire sur
Cabra) que cette dernière assise semblait remplacer en partie les
couches de Berrias; mais il n'en est pas de même partout et la
faune de Stramberg en Moravie paraît appartenir à notre deuxième
niveau qui, sur un total de 54 formes, a donné 31 espèces de cet
horizon à côté de 31 formes communes au Diphyakalk.

Dans les Basses-Alpes, on voit également, à la partie supérieure
du tithonique, une assise à *Hoplites privasensis et Calisto,* distincte
de la base de l'étage (qui contient *Perisph. geron*) et recouverte
par le calcaire de Berrias.

Enfin notre zone supérieure de Cabra rappelle aussi beaucoup,
par la composition de sa faune, le Tithonique blanc de Roverè-di-
Velo en Vénétie, recemment étudié par M. Haug.

	ESPÈCES.	TITHONIQUE des environs de Loja.	TITHONIQUE inférieur de Cabra.	TITHONIQUE supérieur de Cabra.	ESPÈCES du niveau de Stramberg.	DIPHYAKALK.	DU NÉOCOMIEN * et de Berrias (B) seul.	ESPÈCES nouvelles.	OBSERVATIONS.
1	*Sphenodus Virgai* Gemm.....	*				*			
2	*Belemnites Conradi* n. sp......		*	*	*	*			
3	—— *conophorus* Opp.......			*	*	*			Très voisin de *Bel. conicus* Blainv. du néocomien.
4	—— *latus* Blainv..........			*	*		*		
5	—— *strangulatus* Opp......			*	*	*			
6	—— *Haugi* n. sp..........			*				*	
7	—— *Deeckei* n. sp........			*				*	
8	—— *tithonius* Opp........			*	*	*			
9	*Lytoceras quadrisulcatum* d'Orb. sp...................	*	*		*	*	*		
10	*Lytoceras Juilleti* d'Orb.....	*	*	*	*	*	*		= *Lyt. sutile* Opp. sp.
11	—— *Liebigi* Opp. sp.......	*	*		*		*		
12	—— *municipale* Opp. sp.....	*	*		*	*	B		Doit être réuni à *Lyt. Honnorati* d'Orb. sp. des couches de Berrias.
13	*Phylloceras* cf. *serum* Opp. sp..			*	*	*	*		Doit probablement être réuni au *Ph. Tethys* d'Orb. du néocomien.
14	—— *Calypso* d'Orb. sp.....	*	*	*	*	*	*		= *silesiacum* Opp. sp.
15	—— *Kochi* Opp. sp........			*	*	*	*		Cité par M. Haug dans le néocomien de l'Alpe Puez.
16	—— *semisulcatum* d'Orb. sp..	*	*	*	*	*	*		= *ptychoicum* Quenst. sp. Des couches à *Waagenia Beckeri* au néocomien inférieur.
17	*Rhacophyllites Levyi* n. sp....	*						*	
18	—— *Loryi* M.-Ch.. sp.......	*					*		Se rencontre déjà dans la zone à *Am. acanthicus* (Alpes suisses et françaises).
19	*Haploceras elimatum* Opp. sp..	*	*		*	*			
20	—— *Grasi* d'Orb. sp......			*	*		*		= *tithonium* Opp. sp. Néocomien inférieur.
21	—— *Staszycsii* Zeuschn. sp...	*	*		*	*			Zone à *Am. acanthicus.*
22	—— *carachteis* Zeuschn. sp..	*			*	*			Zone à *Am. acanthicus.*
23	*Oppelia* sp..............	*							
24	*Aptychus Beyrichi* Opp......	*	*	*	*	*			
25	—— *punctatus* Voltz........	*	*	*	*	*			Zone à *Am. acanthicus* et *Waagenia Beckeri.*
26	*Holcostephanus* cf. *narbonensis* Pict. sp.................			*			B		
27	—— *pronus* Opp. sp........			*	*		B		
	A reporter......	15	11	17	20	18	12	3	

ESPÈCES.	TITHONIQUE des environs de Loja.	TITHONIQUE inférieur de Cabra.	TITHONIQUE supérieur de Cabra.	ESPÈCES du niveau de Stramberg.	DIPHYAKALK.	DU NÉOCOMIEN et de Berrias (B) seul.	ESPÈCES nouvelles.	OBSERVATIONS.
Reports......	15	11	17	20	18	12	3	
28 Holcostephanus Negreli Math. sp.			*			B		
29 —— Grotei Opp. sp........	*			*		B		
30 Perisphinctes colubrinus Rein. sp.	*	*			*			Se trouve déjà dans le jurassique supérieur (Souabe, Alpes).
31 —— Fischeri Kil.........		*					*	
32 —— albertinus Zitt........			*		*			
33 —— contiguus Zitt........		*			*			Couches à Am. acanthicus.
34 —— rectefurcatus Zitt......		*			*			
35 —— transitorius Opp. sp.....	*	*	*	*	*			
36 —— eudichotomus Opp. sp...		*		*				
37 —— fraudator Zitt........	*			*				
38 —— seneæ Opp. sp........	*	*	*	*	*			
39 —— geron Zitt...........	*	*			*			Crussol. Zone à W. Beckeri (?)
40 —— Lorioli Zitt. sp........	*		*	*				Purbeckien du Jura (Maillard).
41 —— sublorioli Kil. n. sp....	*		*				*	Voisin de formes extralpines du jurassique supérieur.
42 —— cf. moravicus Opp......	*			*				
43 —— Falloti n. sp..........		*					*	
44 —— prætransitorius Font....		*						Crussol.
45 —— Richteri Opp. sp......	*		*	*	*			
46 —— Heimi Favre.........		*						Alpes fribourgeoises. Z. à Am. acanthicus.
47 —— Chalmasi n. sp........	*	*					*	
48 Simoceras volanense Opp. sp..	*			*	*			Déjà dans la zone à Wang. Beckeri.
49 —— lytogyrum Opp. sp.....		*			*			
50 —— birancinatum Qu. sp....	*				*			
51 —— cf. venetianum Zitt.....	*				*			
52 —— rachystrophum Gem....	*				*			Dès la zone à Am. acanthicus.
53 Hoplites Kœllikeri Opp. sp....	*	*		*				
54 —— microcanthus Opp. sp...	*	*		*	*			
55 —— symbolus Opp. sp......	*	*		*	*			
56 —— privasensis Pict. sp.....			*	*		B		
57 —— progenitor Opp. sp.....	*	*		*		B		
58 —— cf. occitanicus Pict. sp...			*			B		
A reporter......	34	27	27	34	33	16	7	

ESPÈCES.	TITHONIQUE des environs de Loja.	TITHONIQUE inférieur de Cabra.	TITHONIQUE supérieur de Cabra.	ESPÈCES du niveau de Stramberg.	DIPHYAKALK.	DU NÉOCOMIEN * et de Berrias (B) incl[t].	ESPÈCES nouvelles.	OBSERVATIONS.
Reports........	34	27	27	34	33	16	7	
59 Hoplites Malbosi Pict. sp.....	*		*			B		
60 — Malladæ n. sp........			*				*	
61 — Chapori Pict. sp.......			*	*				
62 — carpathicus Opp. sp....			*	*				
63 — Calisto d'Orb........			*	*				
64 — delphinensis n. sp....	*		*	*			*	
65 — Macphersoni n. sp.....			*				*	
66 — Andreœi n. sp........			*				*	
67 — Castroi n. sp.........		*					*	
68 — Bergeroni n. sp.......			*				*	
69 — Vasseuri n. sp........			*				*	
70 — Tarini n. sp.........			*				*	
71 — Botellæ n. sp.........	*						*	
72 Peltoceras Cartazari n. sp....			*	*			*	
73 — Edmundi n. sp........	*						*	
74 Aspidoceras longispinum Sow. sp.	*	*			*			= A. iphicerum Opp. sp. Juras. supérieur alpin et extra-alpin. Zone à Am. ac.; Solenhofen.
75 — avellanum Zitt. sp......	*							Jurassique supérieur extraalpin.
76 — Schilteri Opp. sp......	*				*			
77 — rogoznicense Opp. sp....	*	*	*	*	*			Jur. supérieur alpin et extraalpin.
78 — cyclotum Opp. sp......			*		*			
79 Aptychus latus Park........		*	*		*			Zone à Waagenia Beckeri. Jurassique supérieur extraalpin.
80 Aucella carinata Par. sp.....			*	*		..		Tithonique supérieur du Véronais.
81 Corbula cf. Pichleri Zitt......			*		*			
82 Anisocardia tyrolensis Zitt.....			*		*			
83 Pygope diphya F. Col. sp....	*	*	*	*	*			
84 — Catulloi Pict. sp.......		*	*	*	*			
85 — janitor Pict. sp.......		*	*	*	*	*		Déjà dans le jurassique supérieur alpin.
86 — triangulus Lam. sp.....	*		*	*	*	*		Néoc. du Tyrol (fide Haug).
87 — Bouei Zeusch. sp......			*	*	*			Existe dans la zone à Am. acanthicus.
88 Terebratalina substriata Schl.sp.		*						Jurassique supérieur extraalpin.
89 Collyrites Verneuili Cott......			*	*	*			
90 — friburgensis Cott. sp....			*		*			
91 Metaporhinus convexus Cat. sp.			*	*	*	B		Débute dans la zone à Am. acanthicus.
92 Hemicidaris Zignoi Cott......			*		*			
93 Holectypus sp............			*				*	
TOTAUX........	44	35	54	47	49	20	19	

NÉOCOMIEN.

Le néocomien étant encore peu connu en Andalousie et ayant été cité pour la première fois dans les provinces de Grenade et de Malaga par M. M. Bertrand et par nous, a fait l'objet d'une attention spéciale de notre part; nous y avons trouvé :

181. **Belemnites (Duvalia) latus** Blainv.

1842. D'Orbigny, *Pal. fr. T. crét., Céph.*, pl. IV, fig. 1-8.

Néocomien de la sierra Parapanda. Un exemplaire.

182. **Belemnites (Duvalia) Emerici** Raspail.

1845. D'Orbigny, *Pal. univers.*, pl. LXXIII (*T. crét. suppl.*, pl. VIII), fig. 1-7.

Sud de Fuente de los Frailes. (Collection de Verneuil).

183. **Belemnites (Duvalia) conicus** Blainv.

1845. D'Orbigny, *Pal. fr. T. crét., Suppl.*, pl. VI (*Pal. univ.*, pl. LXXI), fig. 9, 10.

Cabra (route de Priego).

184. **Belemnites (Duvalia) dilatatus** d'Orb.

1842. D'Orbigny, *Pal. fr. T. crét.*, t. I, pl. II.

Marnes néocomiennes, Fuente de los Frailes (collection de Verneuil).

185. **Belemnites (Duvalia) Orbignyi** Duval.

1858. Pictet et de Loriol, *Voirons*, pl. I, fig. 6 et 7.

Conforme au type de Pictet de Loriol.

IMPRIMERIE NATIONALE.

Marnes néocomiennes, Antonejo.

Fragment paraissant appartenir à la même espèce. Néocomien marno-calcaire du chemin de Carcabuey à Cabra.

186. Belemnites Baudouini d'Orb.

1842. D'Orbigny, *Pal. fr. T. crét.*, t. I, pl. V, fig. 1 et 2.

Néocomien inférieur. Route de Cabra à Priego.

187. Belemnites sp. (Hibolites).

Fragments qui peuvent avoir appartenu au *Bel. pistilliformis.* Néocomien marno-calcaire. Route de Carcabuey à Cabra.

188. Belemnites sp.

Néocomien marno-calcaire. Zaffaraya.

189. Belemnites sp. (Hibolites).

Fragment semblant provenir du *Bel. subfusiformis* Rasp. (d'Orb.) *Pal. fr. T. crét.*, I, pl. IV, fig. 16.

Néocomien marno-calcaire de Loja et de Cabra.

190. Belemnites (Hibolites) cf. Conradi Kilian.

(Voir *ante*, p. 635.)

Néocomien. Fuente de los Frailes.

191. Lytoceras quadrisulcatum d'Orbigny sp.

1842. D'Orbigny, *Pal. fr.*, pl. XLIX, fig. 1-3 (*Ammonites*).

Nos échantillons sont peut-être un peu plus enroulés que le type.
Néocomien marno-calcaire : Fuente de los Frailes, route de Priego à Cabra. Commun : cortijo Antonejo (à l'état pyriteux), près de Loja.

192. **Lytoceras Juilleti** d'Orbigny sp.

1842. *Ammonites Juilleti*, d'Orbigny, pl. L, fig. 1-3, *non* pl. CXI, fig. 3.
1868. *Lyt. satile* Opp. sp. (Zitt., *Stramberg*, pl. XXVII, fig. 1, p. 165).
1888. Kilian, *Montagne de Lure*, p. 202 et 421.

Nous avons rencontré cette espèce pyritisée dans le néocomien marno-calcaire de Fuente de los Frailes.

193. **Lytoceras subfimbriatum** d'Orbigny sp.

1842. *Ammonites subfimbriatus*, d'Orbigny, *Pal. fr. T. crét., Céph.*, pl. XXXV, fig. 1-4.

Néocomien marno-calcaire. Carcabuey, Cabra (route de Priego). Assez rare.

194. **Lytoceras** sp.

Échantillon mal conservé; peut-être encore le *L. subfimbriatum*. Base du néocomien. Ouest du col de Zaffaraya.

195. **Lytoceras** sp.

Probablement aussi le *L. subfimbriatum* d'Orb. sp. mal conservé. Néocomien marno-calcaire. Cabra.

196. **Lytoceras** cf. **lepidum** d'Orb. sp.

1842. *Ammonites lepidus*, d'Orbigny, *Ter. crét., Céph.*, pl. XLVIII, fig. 3 et 4.

Exemplaire pyriteux du néocomien de Fuente de los Frailes.

197. **Hamulina** cf. **Astieri** d'Orbigny.

1852. D'Orbigny, *Not. sur le g. Ham.* (*J. de Conchyl.*), pl. III, fig. 4-6.

Nous rapportons à cette espèce des fragments d'hamulines à

15.

nodosités irrégulières qui répondent à la description qu'a donnée
d'Orbigny de cette espèce et qui sont conformes également aux
échantillons de l'*Hamulina Astieri* d'Angles (Basses-Alpes), que
possède le laboratoire de géologie de la Sorbonne.

Néocomien marno-calcaire. Loja. Assez commun.

198. Hamulina sp.

Fragments indéterminables se rapportant peut-être à l'espèce
précédente. Ils ressemblent également aux tronçons figurés par
Pictet et de Loriol (pl. VII, fig. 5 et 7) du néocomien des Voirons.

Abondants dans le néocomien marneux. Cabra (route de Priego).
Loja.

199. Phylloceras Tethys d'Orb. sp.

1842. *Ammonites semistriatus*, d'Orbigny, *Pal. fr.*, *céph.* pl. LIII, fig. 7-9.
   Phylloceras Tethys, d'Orb. sp. (= *Am. semistriatus*, d'Orb. = *Am. Mo-
   reli*, d'Orb. = (?) *Am. Velledœ.* = (?) *Ph. serum*, Opp. sp.; non
   Ph. Moussoni, Oost. sp., etc.)

Nous conservons, pour cette espèce, le nom de *Phyll. Tethys*.
Pictet a exposé les raisons qui le font préférer à la dénomination
plus significative de *Phyll. semistriatum*. Il est cependant nécessaire
de formuler quelques réserves au sujet de cette assimilation; d'Orbigny a figuré sous le nom de *Am. Tethys* un échantillon pyriteux
de très petite taille et possédant des caractères insuffisants pour
justifier entièrement sa réunion à l'*Am. semistriatus* du même auteur. Les lobes de l'*Am. Tethys*, quoique disposés d'après le même
plan, diffèrent légèrement de ceux des grands *Am. semistriatus* du
barrêmien. Il en est de même de l'*Am. Moreli* d'Orb. de l'Aptien,
qui cependant se rapproche beaucoup plus de nos échantillons.
En revanche, *Am. picturatus* d'Orb. paraît tant par sa forme que
par ses cloisons plus découpées, devoir former une espèce spéciale. En général, les Ammonites pyriteuses (*Am. Tethys*, *Am. Moreli*, *Am. Rouyanus*, etc.) figurées dans la *Paléontologie française*

étant de très petite taille et dans un état de conservation spécial,
il est très difficile, même si l'on tient compte des modifications que
subissent les lignes de suture avec l'âge, de les assimiler d'une manière absolument certaine à des formes calcaires d'ordinaire beaucoup plus grandes, telles que l'*Am. semistriatus* pour les deux premières et l'*Am. infundibulum* pour la dernière. Dans les *Phyll.*
Tethys du barrêmien, les côtes ont parfois une tendance à former
de petits faisceaux; de plus, elles sont généralement assez infléchies eu arrière et non droites, à partir de leur point d'apparition; ce caractère rapproche notre forme du *Phyll. Velledæ,* sp.
du Gault. Un grand échantillon (150ᵐᵐ de diamètre) de la collection Tardieu, fait voir cependant que, dans l'adulte, ces stries
deviennent rectilignes et radiales.

A l'état pyriteux, à Fuente de los Frailes, sur la route de Priego
à Cabra. Très commun.

Les marno-calcaires néocomiens de Carcabuey et les couches
de contact du néocomien et du tithonique nous ont fourni de
grands exemplaires de cette espèce tout à fait comparables aux
figures qu'ont données de l'*Am. Tethys* (= *semistriatus* d'Orb.),
MM. Pictet et de Loriol (*Néocomien des Voirons,* pl. III, fig. 1).

200. **Phylloceras picturatum** d'Orb. sp.

1842. D'Orbigny, *Pal. fr. Terr. crét., Céph.,* pl. LIV, fig. 4 à 6.

Échantillons pyriteux. Marnes néocomiennes. Fuente de los
Frailes. Assez commun.

201. **Phylloceras diphyllum** d'Orb. sp.

1842. D'Orbigny, *Pal. fr., Céph.,* pl. LV, fig. 1-3.

Même localité et même conservation. On trouve aussi le *Ph.
diphyllum* au cortijo Antonejo, près de Loja.

202. **Phylloceras** sp.

Néocomien. Col menant du cortijo Guaro à Zaffaraya.

203. **Phylloceras** sp.

Néocomien. Carcabuey.

204. **Phylloceras semisulcatum** d'Orb. sp.

(1849. *Am. ptychoicus* Quenst., Zittel, etc. [Voir plus haut, p. 640.])

Pyriteux. Fuente de los Frailes. Assez commun.

205. **Phylloceras Calypso** d'Orb. sp.

1842. D'Orbigny, *loc. cit.*, pl. LII, fig. 7-9.
   (= *Ph. silesiacum*, Opp. sp., = *Ph. berriasense*, Pict. sp. [Voir plus haut, p. 639.])

Un échantillon pyriteux. Marnes néocomiennes. Cortijo Antonejo.

206. **Phylloceras infundibulum** d'Orb. sp.

1842. D'Orb., *Pal. fr. Terr. crét., Céph.*, t. I, pl. XXXIX, fig. 45.
1842. Non = *Am. Rouyanus*, d'Orb. *id.*, pl. CX, fig. 3, 4 et 5.

L'*Am. infundibulum* est fréquente dans le néocomien et dans le
barrêmien du midi de la France, dans le *biancone* de l'Italie et
dans les couches de Rossfeld.

Cette forme, qui se retrouve à Alcoy (coll. Verneuil) et aux
Baléares (coll. Hermite) est caractéristique du néocomien marno-
calcaire de l'Andalousie. Elle se rencontre en variétés à côtes plus
ou moins prononcées.

Illora, Pinos Puente, Cabra (route de Priego), Loja. Assez
fréquent.

207. Haploceras Grasi, d'Orb. sp.

1842. D'Orbigny, *Pal. fr.*, *Terr. crét.*, *Céph.*, pl. XLIV.

Espèce de l'horizon de Berrias et du néocomien inférieur
(à *Bel. latus*).

Cette espèce, bien caractérisée par sa forme et par ses lobes, est
abondante à l'état pyriteux dans le néocomien de Fuente de los
Frailes, sur la route de Priego à Cabra et au cortijo Antonejo,
près de Loja.

208. Haploceras sp.

Néocomien marneux. Fuente de los Frailes.

209. Desmoceras difficile d'Orb. sp.

1842. D'Orbigny, *Pal. fr. Terr. crét.*, t. I, pl. XLI, fig. 1 et 2.

Néocomien marno-calcaire. Carcabuey.

Notons que cette espèce appartient à un niveau assez élevé du
néocomien provençal; elle est caractéristique de l'étage barrémien
en Provence, dans le Tyrol, les Karpathes, la Roumanie, etc.

210. Desmoceras cassidoides Uhlig sp.

1883. *Haploceras cassidoides,* Uhlig Wernsd. Schichten, pl. XVI, fig. 4.

Exemplaire très reconnaissable, identique à des échantillons des
Basses-Alpes et du Tyrol.

La présence de cette forme à Carcabuey, jointe à la précédente,
nous donne à supposer que l'étage barrémien pourra un jour,
grâce à des études détaillées, être, dans cette région comme dans
la province d'Alicante [1], distingué des autres assises néocomiennes.

Néocomien marno-calcaire. Carcabuey.

---

[1] Le néocomien est bien développé aux îles Baléares, où l'a fait connaître Henri Hermite et où M. H. Nolan vient de découvrir au-dessus des couches à *Belemnites dilatatus*, un banc contenant une petite faunule d'ammonites pyri-

211. **Desmoceras quinquesulcatum** Math. sp.

1878. Matheron, *Ét. pal.*, pl. C-XIX, fig. 3.

Nous avons trouvé dans le néocomien marno-calcaire d'Illora (avec *Holc.* cf. *Jeannoti*) un échantillon légèrement écrasé qui appartient à cette espèce du barrémien.

212. **Desmoceras** sp.

Du groupe des *Am. cassida* et *difficilis*.
Néocomien marno-calcaire. Carcabuey.

213. **Holcodiscus intermedius** d'Orb. sp.

1842. D'Orbigny, *Pal. fr. Terr. crét. Céph.*, pl. XXXVIII, fig. 5, 6.

Néocomien marno-calcaire. Une demi-lieue à l'ouest de Pinos Puente (coll. de Verneuil).

teuses semblable à celle qu'a décrit Coquand en Algérie et qui correspond au barrémien (*Desmoceras strettostoma* Uhlig, *Holcodiscus*, *Pulchellia*, etc.).

D'autre part, M. René Nicklès a constaté la présence, dans le S. E. de l'Espagne, d'assises à Céphalopodes dont la constitution rappelle beaucoup celle de notre néocomien de Provence.

A Busot (province d'Alicante) M. Nicklès a recueilli : *Phyll. semistriatum*, *Desmoceras difficile*, *Heteroceras bifurcatum*, etc., toutes espèces du barrémien typique.

Dans la même région, à Concentaina, il a pu relever la coupe suivante, de bas en haut :

VALANGINIEN. — 1. Couches à *Hoplites neocomiensis* (pyriteuse). *Holcos-*

tephanus Astieri Echinospatagus sp., *Ostrea Couloni*.

HAUTERIVIEN. — 2. Niveau à *Belemnites dilatatus*.

BARRÉMIEN. — 3. Couches à ammonites pyriteuses (niveau du barrémien) *Pulchellia*, *Phyll. Rouyanum*, *Desmoceras* cf. *strettostoma*, *Holcodiscus metamorphicus*, Coq, *Macroscaphites*, etc. — 4. Assise contenant *Ostrea* cf. *aquila*, des *Hoplites*, voisins de *Hopl. crioceroides* Torcapel; des *Criocères*, *Desmoceras cassida*, *Phyll. Tethys*, *Lytoc. densifimbriatum*. — 5. Niveau à petites ammonites pyriteuses : *Desmoceras difficile*, *Pulchellia*, etc.

APTIEN (??) — 6. Calcaires à grands *Ancyloceras*.

(Communication inédite de M. R. Nicklès.)

214. **Holcodiscus** cf. **incertus** d'Orb. sp.

1842. D'Orbigny, *Pal. fr. Terr. crét. Céph.*, pl. XXX, fig. 3, 4.

Échantillon mal conservé. Néocomien marno-calcaire. Route de Cabra à Carcabuey.

215. **Holcostephanus Astieri** d'Orb. sp. (forme type).

1842. D'Orbigny, *Pal. fr. Terr. crét.*, t. 1, pl. XXVIII.

Pyriteux dans les marnes néocomiennes de Fuente de los Frailes, où cette espèce n'est pas rare.

En moules calcaires dans le néocomien marno-calcaire de Loja, Montillana (?)

216. **Holcostephanus Grotei** Opp. sp.

1861. *Am. Astierianus*, Pictet, *Mél. pal.*, pl. XXXVIII, fig. 8.

La collection de Verneuil renferme un exemplaire bien conservé de la variété de l'*Holc. Astieri* figurée par Pictet (de Berrias). Cette forme doit être réunie à l'*Holc. Grotei* (voir *ante*, p. 648); elle présente plus de constrictions que le type de l'*Am. Astieri*, des tours plus nombreux et plus étroits ainsi qu'un aspect plus coronatiforme.

Néocomien marno-calcaire. Fuente de los Frailes (collection de Verneuil).

217. **Holcostephanus** cf. **Jeannoti**, d'Orb. sp.

1842. D'Orbigny, *Pal. fr. Terr. crét. Céph.*, pl. LVI, fig. 3-5.

Espèce propre aux assises qui séparent en Provence les marnes à *Bel. latus* et *Emerici* de l'hauterivien à *Bel. dilatatus* et *Crioceras Duvali*.

Néocomien marno-calcaire, sierra Elvira, Illora.

16

218. **Holcostephanus** sp. indct.

Exemplaire écrasé.
Néocomien marno-calcaire. Loja.

219. **Hoplites neocomiensis** d'Orbigny, sp.

1842. D'Orbigny, *Pal. fr. Terr. Crét. céph.*, pl. LIX.

Cette espèce est abondante à l'état pyriteux, dans le néocomien marno-calcaire à Fuente de los Frailes et sur la route de Priego à Cabra. Nous l'avons recueillie également au cortijo Antonejo, près de Loja.

On la trouve aussi à l'état calcaire dans les calcaires marneux de Cabra avec le *Phyll. infundibulum.*

220. **Hoplites asperrimus** d'Orb. sp.

1842. D'Orbigny, *Pal. fr. Terr. crét.*, t. 1, pl. LX, fig. 4-6.

Un fragment pyriteux du néocomien marneux de Fuente de los Frailes.

221. **Hoplites** cf. **cryptoceras** d'Orb. sp.

1842. D'Orbigny, *Pal. fr. Terr. crét.*, t. I, pl. XXIV.

Néocomien. Fuente de los Frailes.

221 *bis*. **Hoplites** cf. **amblygonius** Neum. et Uhl.

1858. Pictet et de Loriol, *Voirons*, pl. IV, fig. 4. (*Am. cryptoceras.*)
1888. Kilian, *Montagne de Lure*, p. 207.

Nos échantillons se rapportent très bien aux figures de Pictet et de Loriol.

Cette espèce est l'une des plus répandues dans le valangien supérieur (Zone à *Holcost. Jeannoti*) des Basses-Alpes.
Néocomien. Fuente de los Frailes.

222. **Hoplites Mortilleti** Pictet et de Loriol sp.

1858. Pictet et de Loriol, pl. IV, fig. 2.

Illora.

223. **Hoplites macilentus** d'Orb. sp.

1842. D'Orbigny, *Pal. fr., Terr. crét. Céph.*, pl. XLII, fig. 3 et 4.

Cette espèce s'est rencontrée dans le néocomien marno-calcaire de Carcabuey. Elle se trouve en France dans le berriasien.

Un des fragments recueillis contient dans la dernière loge un exemplaire de l'*Aptychus angulicostatus*. Pict. et de Lor. Aux Voirons, les ammonites de ce groupe se rencontrent également associées à l'*Apt. angulicostatus*. Nous croyons être dans le vrai en considérant ce dernier comme un *Aptychus d'Hoplites*.

224. **Hoplites** sp.

Forme qui se rapproche de *Hopl. Thurmanni* Pictet et Campiche sp. (*Sainte-Croix*, pl. XXXIV *bis*).
Néocomien marno-calcaire. Carcabuey.

225. **Hoplites** sp. indét.

Néocomien marno-calcaire. Loja.

226. **Aptychus Didayi**, Pictet.

1858. Pictet et de Loriol, *Voirons*, pl. X, fig. 1 et 2. *Coq.*
1867. Pictet, *Mél. Pal.*, pl. XXVIII, fig. 6 et 7.

Cette forme raccourcie, à bord sutural canaliculé, a été trouvée par nous avec *Hapl. Grasi* au cortijo Antonejo.

En France, elle se rencontre en Provence dans le néocomien inférieur à *Belemnites latus* et *Am. neocomiensis* et surtout dans des marno-calcaires qui, par leur position, correspondraient au valangien.

226 *bis*. Aptychus Seranonis Coq.

1858. Pictet et de Loriol, *Voirons,* pl. XI, fig. 1-8.
1867. Pictet, *Mél. pal.,* pl. XXVIII.

Cette espèce, qui accompagne la précédente dans le midi de la France, se rencontre en abondance en Andalousie dans le néocomien marno-calcaire et schisteux.

L'*Apt. Seranonis* semble caractériser le facies vaseux du néocomien inférieur (valangien); on la connaît de la montagne des Voirons, des départements des Basses-Alpes (montagne de Lure) et de la Drôme.

Nous l'avons recueillie à Fuente de los Frailes sur la route de Priego à Cabra, à l'est de Cabra, au S. E. de Loja.

227. Aptychus angulicostatus Pict. et de Loriol.

1858. Pictet et de Loriol, *Néoc. des Voirons,* pl. X, fig. 3-12.

Cette espèce n'est pas rare aux Voirons et en Provence; elle caractérise un niveau supérieur à celui des marnes à *Belemnites latus.*

Très abondant dans le néocomien vaseux de Carcabuey, et à Illora (est de la gare).

228. Aptychus Mortilleti Pictet et de Lor.

1858. Pictet et de Loriol, *Néoc. des Voirons,* pl. XI, fig. 9-12.

Nos exemplaires répondent entièrement à la description et aux figures-types. Cet *Aptychus* forme lumachelle (avec des dents de poissons, etc.) à la sierra Parapanda, et à Antonejo.

On connaît cette espèce du département des Basses-Alpes et de Vérone (Biancone), où elle se trouve avec *Apt. Didayi* et *Seranonis*. Certaines variétés du néocomien schisteux présentent des côtes un peu plus nombreuses que le type, néocomien marno-calcaire. Loja, Illora. Néocomien schisteux, Carcabuey, sierra de las Cabras, nord de las Chozas.

228 bis. **Aptychus** sp. (coll. de Verneuil).

Sierra Elvira, Iznalloz.

229. **Crioceras angulicostatum** Pictet et de Loriol sp.

1858. *Am. angulicostatus*, Pict. et de Lor., *Voirons*, pl. IV, fig. 3, *non* d'Orb.
1888. Kilian, *Montagne de Lure*, p. 212, note 3.

Illora.

230. **Ptychoceras neocomiense** d'Orb. sp.

1842. D'Orbigny, *Pal. fr. Terr. crét.*, pl. CXXXVIII, fig. 1-5. (*Baculites neocomiensis.*)

Nous avons fait voir ailleurs (*Ann. des sc. géol.*, t. XIX, art. n° 2, p. 203, n° 27) que les fragments décrits sous ce nom n'étaient probablement que des *Ptychoceras* incomplets dont ils possèdent la ligne de suture.

Pyriteux. Marnes néocomiennes. Cabra (coll. de Verneuil). Paraît être rare.

231. **Ancyloceras** sp.

Néocomien. Cabra, ouest du col de Zaffaraya. Carcabuey.

232. **Rostellaria** sp.

Néocomien marno-calcaire. Sierra Elvira.

233. **Pholadomya** cf. **Trigeri** Cotteau.

1867. Pictet, *Mél. Pal.*, pl. XIX.

Néocomien marno-calcaire. Cabra (coll. de Verneuil).

234. **Pholadomya** sp.

Forme du groupe du *Phol. Malbosi* Pictet, de Berrias. Le mauvais état de l'échantillon ne permet pas une détermination plus rigoureuse.
Marnes néocomiennes. Cabra (coll. de Verneuil).

235. **Terebratula Moutoni** d'Orb.

1847-1850. D'Orbigny, *Pal. fr. Terr. crét. Brach.*, pl. DX, fig. 1-5.

Marnes néocomiennes. Cabra (coll. de Verneuil).

236. **Terebratula hippopus** Roemer.

1847-1850. D'Orbigny, *Pal. fr. Terr. crét.*, t. IV, pl. DVIII, fig. 12-18.

Marnes néocomiennes. Fuente de los Frailes (coll. de Verneuil).

237. **Pygope diphyoides** Pictet.

1867. Pictet, *Mél. pal.*, pl. XXIX, fig. 2 et 3.
1847-1850. D'Orbigny, *Pal. fr. Terr. crét.*, t. IV, pl. DIX.

Espèce caractérisant en France le néocomien inférieur à *Belemnites latus*.

Nous avons rencontré un exemplaire muni de son test et bien conservé dans le néocomien marno-calcaire à fossiles pyriteux sur la route de Priego à Cabra, non loin de la maison des cantonniers qui est située près de Fuente de los Frailes.

238. **Echinides (Echinospatagus ou Holaster)** indéterminables.

Assez communs. Néocomien marno-calcaire.
Fuente de los Frailes, Loja.

L'analyse de cette faune néocomienne fournit des résultats très intéressants. Quoique notre exploration rapide de la contrée ne nous ait pas permis de subdiviser le crétacé inférieur en zones paléontologiques distinctes, la présence, à côté d'espèces telles que *Phyll. Tethys, Phyll. infundibulum, Terebratula Moutoni* communes à la plus grande partie des assises néocomiennes, de formes qui ailleurs sont plus spécialement cantonnées ou abondantes dans certaines zones de notre crétacé provençal, nous autorise à présumer que des recherches ultérieures permettront de constater l'existence des horizons correspondants en Andalousie.

C'est ainsi que *Bel. Conradi, Holcost. Grotei, Hopl. macilentus, Pholadomya Trigeri, Pygope diphyoides* indiqueraient le niveau de Berrias; *Bel. latus, Bel. Emerici, Bel. conicus, Lyt. quadrisulcatum, L. Juilleti, Holc. Astieri, Phyll. picturatum, Phyll. diphyllum, Phyll. Calypso, Hapl. Grasi, Hoplites neocomiensis, Hopl. asperrimus, Ptychoc. neocomiense, Aptychus Seranonis* se trouvent associés de la même façon dans nos marnes à *Am. neocomiensis* des Basses-Alpes. D'autre part, *Holc. Jeannoti* et *Hopl. amblygonius* tendraient à démontrer l'existence du valangien; *Bel. dilatatus, Bel. Orbignyi, Lyt. subfimbriatum, Holcod. incertus, Holc. intermedius, Hoplites cryptoceras, H. Mortilleti, Aptychus angulicostatus, Crioceras angulicostatum* celle de l'hauterivien, tandis que le barrêmien à *Desmoceras difficile* et *cassidoides* serait particulièrement bien développé à Carcabuey.

TERRAINS TERTIAIRES.

Les espèces nouvelles ou particulièrement importantes feront l'objet de descriptions spéciales. Quant aux autres, ne nous sentant pas la compétence nécessaire pour entrer dans les discussions de synonymie que nécessiterait, pour beaucoup d'entre elles, l'étude approfondie des citations antérieures, nous nous sommes contenté d'accompagner leur nom de l'indication des figures qui nous ont servi de type pour la détermination.

Les lecteurs pourront ainsi être fixés sur l'interprétation qu'il conviendra de donner à nos citations.

TERRAIN ÉOCÈNE.

NUMMULITIQUE.

(ÉOCÈNE MOYEN.)

Lamna sp.

Une dent. Nord du cortijo de Magdalena.

Serpula spirulæa Lam.

Assez rare. Montefrio (N. E. de la ville).

Gastropodes divers indéterminables.

Nord du cortijo de Magdalena et Est du cortijo de Cantal, sur le littoral.

Des circonstances indépendantes de notre volonté nous ont empêché d'étudier de près les Foraminifères que nous avons rapportés et qui appartiennent aux genres *Alveolina, Orbitoides, Nummulites, Assilina*.

Les nummulites appartiennent aux groupes de *Numm. perforata, Numm. (Assilina) granulosa* (Montefrio, Alfarnate), *Numm. Murchisonæ* (échantillons d'El Palo).

TERRAIN MIOCÈNE.

HELVÉTIEN.

La molasse helvétienne nous a fourni de nombreux fossiles dont voici la liste :

1. **Halitherium** (?).

Fragment d'os.
Talara.

2. **Oxyrhina hastalis** Ag.

Dents déterminées obligeamment par M. le professeur Bassani, de Naples.
Ravin de Talara.

3. Dents de poissons diverses.

Beznar, le Pradon.

4. **Balanus** sp.

Restabal. Avec *Ostrea Virleti*.

4. **Turritella bicarinata** Eichw. var. **subarchimedis** d'Orb.

Hoernes, *Foss. Moll. Tert. Wien.*, t. I, pl. XLIII, fig. 8.

Albunuelas, un exemplaire. Moule en creux.

5. **Gastropodes** indét. (*Scalaria*, *Turbo*, etc.)

Abondants. Saleres.

6. **Panopaea** cf. **Menardi** Desh.

Hoernes, *loc. cit.*, t. II, pl. II, p. 29.

Moule calcaire. Est de Montefrio.

7. **Cardium hians** Brocch.

Hoernes, *loc. cit.*, t. II, pl. XXVI, fig. 1-5, p. 181.

Albunuelas. 1 exemplaire.

8. **Nucula Mayeri** Hoernes.

Hoernes, *loc. cit.*, t. II, pl. XXXVIII, fig. 1, p. 296.

Abondant dans un lit sableux avec *Amussium (Pleuronectia) cristata* et *Ostrea Virleti*. Saleres.

9. **Corbula carinata** Duj.

Hoernes, *loc. cit,*, t. II, pl. III, fig. VIII, p. XXXVI.

Albunuelas. Fréquent dans un lit de marnes grises de l'helvétien.

10. **Bivalves** indéterminables.

Escuzar, Saleres, Albunuelas.

11. **Perna** sp.

De grands échantillons mal conservés se rencontrent à Albunuelas, dans une assise à *Ostrea Velaini* et *Clypéastres*,

12. **Spondylus crassicosta** Lam.·

Hoernes, *loc. cit.*, t. II, pl. LXVII, fig. 7, p. 429.

Un exemplaire.
Ravin d'Alhama. (Couche inférieure.)

13. **Pecten (Janira) subbenedictus** Font.

Fontannes, *Bassin de Visan*, pl. II, fig. 1.

C'est bien à cette espèce et non au *P. aduncus* Eichw., dont les côtes sont un peu plus étroites, la grande valve moins bombée et plus aplatie, qu'il faut rapporter un *Pecten* que nous avons rencontré dans la molasse de notre région.

Vallée du Genil, au delà de Piños (M. Bergeron), Montefrio.

14. Pecten (Janira) cf. Besseri Andrz.

Hoernes, *loc. cit.*, t. II, pl. LXII et LXIII, p. 404.

Gerena (M. Calderon).

15. Pecten (Janira) Beudanti Bast.

Hoernes, t. II, pl. LIX, fig. 12, p. 399.

Gerena (M. Calderon).

16. Pecten (Janira) gigas Schl.

Pecten solarium, Lam. Hoernes, t. II, pl. LX, fig. 1-3, p. 403.

Gerena, près Séville (M. Calderon).

17. Pecten (Janira) Tournali de Serres.

Hoernes, t. II, pl. LVIII, fig. 1-6.

Montefrio.

18. Pecten (Janira) Holgeri Gein.

Hoernes, t. II, pl. LV, fig. 1 et 2, p. 394.

Montefrio.

19. Pecten (Chlamys) opercularis L.

1850. *Wood crag.,* pl. VI, fig. 2.

Alfacar.

20. Pecten (Chlamys) præscabriusculus Font.

1878. Fontannes, *Bassin de Visan,* pl. III, fig. 1, p. 81.

Cette espèce, caractéristique de la molasse helvétienne infé-

17.

rieure du bassin du Rhône (Saint-Paul-Trois-Châteaux) est assez
rare en Andalousie. Cependant, nous en possédons des exemplaires
bien caractérisés.

Beznar, Montefrio, Talara.

21. Pecten (Chlamys) scabriusculus Math.

1842. Mathcron, *Cat. méth. et descr. des corps org. fossiles, etc.*, pl. XXX,
 fig. 8 et 9.
1873. Fischer et Tournouër (in Gaudry, *Luberon*), pl. XX, fig. 6, 7
 et 8.

Beaucoup plus abondante que la précédente, cette forme, spéciale, en Provence, à l'helvétien supérieur, n'est pas rare dans la
molasse d'Albunuelas.

Outre les deux espèces typiques que nous venons de citer
(n°s 20 et 21), nous avons recueilli un grand nombre de formes
intermédiaires.

Fontannes, auquel nous communiquâmes quelques-unes de ces
formes, nous transmit les observations suivantes :

« Les deux spécimens d'Andalousie appartiennent bien au groupe
du *Pecten scabriusculus*. Le plus grand, le moins oblique [1] se rapproche beaucoup du type de Cucuron. Par sa forme générale, il
se place un peu plus près du *P. præscabriusculus*, forme un peu
plus ancienne, mais toujours helvétienne. Quant à l'autre [2], il
semblerait, par son contour, se rattacher au *P. præscabriusculus*
Font.; mais les costules qui couvrent les côtes et leurs intervalles
sont plus saillantes, moins égales entre elles. Il serait intéressant de
savoir si cette dernière forme a précédé ou suivi la première en
Andalousie. »

Nous avons fait figurer ces deux types sous les noms de :

[1] Échantillon d'Albunuelas, pl. XXXIII, fig. 8 *a, b*.
[2] Échantillon de Talara, pl. XXXIII, fig. 7 *a, b*.

22. **Pecten (Chlamys) scabriusculus** Math., var. **iberica**, nob.

Pl. XXXIII, fig. 8 *a*, *b*.

Diffère du type de l'espèce par sa forme légèrement plus oblique et par son ornementation un peu plus accentuée. Cette forme rappelle le *Pecten Malvinæ* Hoernes; mais elle a les côtes plus larges et elle est plus oblique.

Talara, Beznar, Escuzar, le Pradon, Albunuelas, Montefrio, las Perdrices.

23. **Pecten præscabriusculus** Font., var. **talaraensis**, nob.

Pl. XXXIII, fig. 7 *a*, *b*.

Diffère du type par ses costules saillantes (fig. 7 *b*) inégales, celles des côtes étant plus accentuées que celles qui ornent les intervalles.

Montefrio, Talara, Saleres, Beznar, Albunuelas. Le Pradon, Escuzar.

24. **Pecten (Chlamys) Celestini** Mayer.

1878. Fontannes, *B. de Visan*, pl. III, fig. 4, p. 93.

Alfacar.

25. **Pecten (Chlamys) Zitteli** Fuchs.

Pl. XXXIII, fig. 9.

1883. Fuchs, *Lyb. Wüste*, pl. VII (II), fig. 1-12.

Cette espèce a été signalée par M. v. Drasche en Andalousie ; nous l'avons rencontrée à Alfacar et surtout à Escuzar, où elle n'est pas rare.

26. **Pecten (Chlamys)** cf. **nimius** Font.

Fontannes, *Visan*, pl. V, fig. 2, p. 98.

Albunuelas, Alfacar.

27. Pecten (Chlamys) substriatus d'Orb.

Hoernes, t. II, pl. LXIV, fig. 2, p. 4o8.

Albunelas, Alfacar.

28. Pecten (Chlamys) sp.

Ravin d'Alhama.

29. Pecten (Chlamys) sp.

Nord de Loja.

30. Pecten (Chlamys) Fuchsi Font.

Fontannes, *B. de Visan*, pl. III, fig. 3, p. 98.

Alfacar.

31. Pecten (Chlamys) sp.

Montefrio, Bçznar.

32. Pecten (Amussium, Pleuronectia) cristatus Brocchi.

Hoernes, t. II, pl. LXVI, fig. 1, p. 419.

Abondant, avec *Nucula Mayeri*, à Saleres.

33. Ostrea gingensis.

Hoernes, t. II, pl. LXXVI-LXXX.

C'est probablement à cette espèce qu'il faut attribuer les jeunes huîtres qui constituent à Restabal un banc le long du cours d'eau. Elles y sont accompagnées de jeunes *O. Velaini* et *O. Maresi*.

Antequera, Restabal, Albunuelas.

34. Ostrea crassissima Lam.

Hoernes, t. II, pl. LXXXI-LXXXIV.

Grande variété. Antequera. Très abondant à une certaine distance au sud de la ville.

35. Ostrea chicaensis Mun.-Ch. in coll.

Pl. XXXIV, fig. 1.

Cette espèce n'est connue que par sa valve droite; elle est prosogyre.

Valve gauche inconnue.

Valve droite libre, plate, épaisse, peu profonde, étroite et allongée, légèrement contournée en S. Le bord postérieur, le plus rapproché de l'impression musculaire subcentrale, est calleux et fortement épaissi. La surface externe est lamelleuse et ne porte ni plis, ni côtes.

Crochet large, fosse ligamentaire peu profonde, à lamelles ondulées formant un sinus médian à concavité regardant le sommet. Le contour qui limite le crochet vers l'intérieur de la coquille est sinueux; il forme une courbe convexe au milieu, concave sur les bords, très caractéristique.

La surface ligamentaire est creusée de deux sillons peu profonds qui limitent une aire médiane triangulaire et contournée en avant vers le sommet.

Cette espèce a été nommée par M. Munier-Chalmas sur des échantillons provenant de l'helvétien de Ben Chicao. Elle se distingue des autres formes de ce groupe par son contournement en S et par son crochet très large. •

Localité. — Ben Chicao (Algérie).

Quoique cette forme ne se trouve pas en Espagne, nous la décrivons ici à cause de sa connexité avec les deux espèces suivantes, également créées par M. Munier-Chalmas et très répandues en Andalousie.

36. **Ostrea Maresi** Mun-Ch. in coll.

Pl. XXXIV, fig. 2, et pl. XXXVI, fig. 2.

Huître allongée du groupe de l'*Ostrea gingensis* à valve inférieure plissée et valve supérieure lamelleuse, mais remarquable par la callosité de son bord antérieur.

Valve gauche (pl. XXXIV, fig. 2), portant sur la surface externe quelques plis longitudinaux irréguliers, larges et peu distincts, fortement épaissie sur son bord antérieur, surtout au voisinage du crochet en avant duquel existe une volumineuse callosité (talon).

Fig. 3. — Ostrea Maresi, de Restabal.

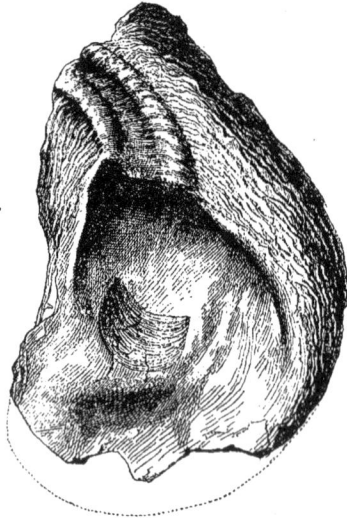

De profondeur moyenne à l'intérieur (impression musculaire subcentrale), elle possède une rigole ligamentaire étroite, profonde et limitée par deux bourrelets saillants; cette fosse est recourbée en arrière et formée de lamelles ondulées. La valve gauche se fixe.

Valve droite (pl. XXXVI, fig. 2) libre, peu profonde, lisse et lamelleuse à l'extérieur; la callosité antérieure existe toujours, mais moins forte que sur la valve gauche. L'impression ligamentaire est dirigée en arrière.

Crochet opisthogyre.

Forme générale. — Étroite et allongée, arquée et non en S comme l'espèce précédente. Atteint de fortes dimensions, ainsi que le montrent les figures pl. XXXIV et XXXVI dessinées en grandeur naturelle.

Rapports et différences. — Cette espèce n'atteint pas la longueur des *Ostrea crassissima* et *gingensis,* elle diffère de la première par sa forme, de la seconde, dont elle possède les plis peu distincts sur la valve fixée, par sa callosité antérieure et la forte courbure du crochet.

Localités. — Ben Chicao (Algérie).

Helvétien de Montefrio, d'Alfacar; à Restabal existe un banc de jeunes huîtres que nous attribuons (fig. 3) également à cette espèce.

On la trouve en Algérie et en Tunisie, où M. Rolland l'a recueillie à Biserk; elle existe aussi à Majorque (Baléares), où l'a trouvée M. Hermite.

37. Ostrea Velaini Mun.-Ch. in coll.

Pl. XXXV, fig. 1 et 2, et pl. XXXVI, fig. 1.

Espèce large, arrondie, presque aussi large que longue, épaisse, valve droite lisse, lamelleuse, valve gauche rarement plissée.

Valve gauche ou fixée, épaisse, montrant à l'extérieur de vagues indices de plis longitudinaux, peu profonde, large, à crochet petit, infléchi en arrière, à impression ligamentaire courte, triangulaire, limitée par deux bourrelets et formée par des lamelles ondulées; impression musculaire large, subcentrale, un peu plus rapprochée du bord postérieur.

Valve droite (libre) lisse, légèrement convexe, pourvue de nombreuses lamelles d'accroissement, impression musculaire comme dans la valve gauche.

Crochet contourné en arrière (opisthogyre, rarement prosogyre), assez court, formant un triangle à base assez large. Celui de la valve gauche porte un sillon médian d'une certaine largeur, limité de chaque côté par un bourrelet. Sur la valve libre, le sillon et les bourrelets sont à peine indiqués et visibles surtout grâce aux inflexions des lamelles, la surface ligamentaire est alors très plane.

Localité. — Très abondante dans l'helvétien d'Agron, de la vallée du Genil (M. Bergeron), d'Albunuelas, de Restabal, d'Alfacar, de Montefrio, d'Escuzar, etc. (Andalousie). Nous avons vu des huîtres de ce groupe qui ont été rapportées par M. Steinmann de l'Amérique du Sud. M. A. Lacroix nous a communiqué un échantillon de cette espèce provenant du miocène des environs de Larderello (Toscane) (trouvé sur la route de Pomerania à Larderello); elle se rencontre également dans l'helvétien de la Corse.

Le type de l'espèce est de Ben Chicao (Algérie) et a été rapporté par M. Marès au Laboratoire de géologie de la Sorbonne.

Rapports et différences. — Cette huître se distingue des précédentes par sa forme à peu près circulaire, son crochet très court et peu développé. Elle se rapproche de la section de l'*Ostrea edulis,* la charnière ressemble à celle d'*Ostrea Boblayei* Desh., mais cette dernière forme est facile à distinguer grâce à sa vigoureuse costulation.

38. Ostrea Boblayei Desh.

1832. Deshayes, *Morée,* pl. XXIII, fig. 5 et 6, p. 22.
1870. Hoernes, t. II, pl. LXX, fig. 1-4.

Cette huître n'est pas rare dans l'helvétien des régions méditerranéennes. M. Rolland l'a rapportée de Tunisie.

Albunuclas, Restabal, Saleres, Alfacar, Escuzar. Assez commune.

39. **Ostrea digitalina** Dubois.

Hoernes, t. II, pl. LXXIII.
Dubois de Monpéreux, *Plateau Wolhyni-Podolien*, pl. VIII.

Montefrio, sud d'Escuzar, Alfacar, Saleres, Restabal.

39 *bis*. **Ostrea Virleti** Desh.

1832. Deshayes, *Morée*, pl. XXI, fig. 1 et 2, p. 123.

Helvétien. Saleres.

40. **Ostrea Offreti** Kilian.
Pl. XXXVII, fig. 1 et 2.

Huîtres dont la valve fixée (valve gauche) est ornée de plis très nets; de forme large, légèrement allongée, à crochet opisthogyre, rarement prosogyre, généralement épaissi par des callosités.

Valve gauche ornée à l'extérieur de fortes lamelles d'accroissement et de plis rayonnants (15 sur l'un des échantillons figurés), larges et séparés par des intervalles à peu près aussi larges que les plis. Ces plis ne se traduisent sur le bord par aucune ondulation marquée du contour marginal; ce sont de simples épaississements. A l'intérieur, la valve est assez profonde; l'impression musculaire est située près du bord postérieur. Le crochet qui surplombe une partie excavée de la valve présente un sillon ligamentaire médian assez accusé et limité par deux bourrelets. Ce crochet, plus ou moins long, est dirigé et recourbé en arrière. Il est accompagné en avant d'une forte callosité (talon) du bord de la valve.

Valve droite inconnue; n'ayant pas eu d'exemplaire complet, il est possible que nous ayons eu de ces valves entre les mains, sans savoir à quelle espèce les attribuer.

Rapports et différences. — Voisine au premier abord d'*Ostrea Boblayei*, Deshayes, elle s'en distingue par sa fosse ligamentaire plus recourbée, par son bord interne non ondulé, par des côtes moins serrées, moins nombreuses et plus irrégulièrement disposées.

Très voisine aussi de l'*Ostrea Maresi*, elle en diffère par sa callosité antérieure moins développée et par les côtes plus régulières, plus accentuées et plus constantes de sa valve fixée. Elle se rapproche aussi d'*O. exasperata* Cocconi.

L'*Ostrea squarrosa* de Serres possède des côtes moins serrées, mais plus saillantes, plus tranchantes, subépineuses et une coquille plus profondement excavée.

Gisement. — Helvétien de Montefrio et de Saleres.

41. Ostrea Virleti Desh.

Deshayes, *Morée*, pl. XXI, fig. 1, 2, p. 123.

Saleres.

42. Ostrea sp.

Ravin d'Alhama.

43. Lacazella [1] (Thecidea) mediterranea Risso sp.

Philippi, *Enumer. Moll. Sic.*, t. I, p. 99, pl. VI, fig. 17.
Davidson, *It. tert. Brachiop.*, pl. XXI, fig. 17-19, p. 21.

Assez commun à Escuzar.

44. Rhynchonella bipartita Brocch. sp.

Brocchi, *Conch. foss. subapp.*, pl. X, fig. 7, p. 469.
Philippi, *Enum. Moll. nov. Sic.*, t. I, pl. VI, fig. 11; t. II, pl. XVIII, fig. 5.
Davidson, *It. tert. Brach.*, pl. XX, fig. 2, p. 22.

M. Seguenza cite cette espèce de miocène.

---

[1] Voir Munier-Chalmas, *Thecididæ et Koninckidæ*, *Bull. soc. géol.*, 3ᵉ série, t. VIII, p. 279. 1880.

On la rencontre également, d'après Davidson, dans le miocène de Malte.

Ravin de Talara, Montefrio, Cerro de San Anton, près Malago (probablement pliocène dans cette dernière localité).

45. Terebratula sinuosa Brocchi, var. pedemontana Lam.

Ter. pedemontana Lam.; Seguenza, *Pal. mal. destr. di Messina*, pl. IV, fig. 5.
Davidson, *It. tert. brach.,* pl. XVIII, fig. 3, 4 et 15.

Cette espèce, à plis aigus, accompagne en abondance le *Pecten præscabriusculus* dans l'helvétien du ravin de Talara et sur la route de Beznar.

On la connaît du miocène moyen de Malte, de Toscane, du Piémont, etc.

46. Terebratula ampulla Br.

Ter. Soverbyana, Nyst.
Ter. grandis Blum et *ampulla* Brocch.; Seguenza, *Stud. pal. brach. It. mer.,* pl. III, fig. 1-2, 5.
Davidson, *It. ter. brachiop.,* pl. XX, fig. 1.

Assez commun à Montefrio, Beznar.

46 *bis.* Terebratula sp.

Échantillons mal conservés.
Ravins d'Alhama.

47. Bryozoaires.

Beznar. Ravin de Talara.

48. Clypeaster insignis Seg.

1880. Seguenza, *Prov. di Regio,* pl. IX, fig. 2.

L'abondance des Clypéastres caractérise le miocène moyen des

régions circumméditerranéennes; on en connait du reste au même
niveau dans le haut Comtat, à Saint-Paul-Trois-Châteaux, par
exemple, où se rencontre le *Clyp. marginatus.*

Espèce de l'helvétien de Monteleone (Italie).

Assez commun à Albunuelas. Fragments des couches à *Pectens*
d'Alfacar.

49. Clypeaster altus Lam.

Michelin, *Mon. Clyp. foss.*, pl. XXV.

Villanueva, près Séville.

49 *bis.* Clypeaster pyramidalis Mich.

Michelin, *loc. cit.*, pl. XXVII.

Même gisement.

50. Cidaris avenionensis Desm.

Pl. XXXIII, fig. 10.

1877. *Cotteau in Locard.*, Corse, p. 229, pl. VIII, fig. 3-7.
1883. Fuchs, *Lyb. Wüste*, pl. XXI (XVI), fig. 12.

Très fréquent dans la molasse helvétienne, surtout à Alhama.
Nous en faisons figurer un échantillon de cette localité. Le bouton
est entouré d'un sillon comme l'indiquent les figures de M. Fuchs.

Route de Beznar à Talara, Alhama, Beznar, Repicao, Escuzar.

51. Echinolampas cf. scutiformis Leske.

C'est la dénomination que nous a donnée M. Cotteau pour une
série d'échantillons mal conservés provenant de la haute vallée du
Genil, où M. Bergeron les a récoltés dans l'helvétien en amont de
Peños.

52. Lithothamnium.

Ces algues forment une grande partie de la roche dans certains bancs de l'helvétien, ce qui a valu à ces assises, de la part de M. v. Drasche, le nom de *calcaires à lithothamniums* [1].

Escuzar, Alhama. Très abondant.

TORTONIEN.

(BLOCKFORMATION.)

Les marnes bleues dépendant des cailloutis de la Blockformation contiennent :

53. Odontaspis contortidens Ag.

Agassiz, *Poissons fossiles,* pl. XXXVII *a*, fig. 17-23.

Quentar.

54. Chenopus pes graculi Bronn.

Chen. pes graculi Bronn. Zeitschrift, 1827, n° 63.
Ch. Brongniartiatus Risso, t. IV, p. 226, fig. 94.

55. Natica millepunctata Lam.

Hoernes, *loc. cit.,* t. I, pl. XLVII, fig. 1 et 2. (*Natica tigrina* Defrance.)

Quentar.

56. Natica millepunctata var. subfuniculus Font.

Fontannes, *Invert.,* pl. VII, fig. 7-8.

Quentar.

57. Terebra fuscata Brocchi.

Fontannes, *Invert.,* t. I, pl. VII, fig. 18.

Notre échantillon a l'angle spiral un peu moins aigu que la

[1] Lithothamnienkalk.

forme figurée par Fontannes; il est identique à des exemplaires du tortonien de Stazzano appartenant à la collection de la Sorbonne.

Près Quentar, argiles intercalées dans les cailloutis. (Un échantillon.)

58. Dentalium sexangulare Lam., var. b. Deshayes.

1825. Deshayes, *Dentale*, pl. III, fig. 4-6.

Forme voisine du *D. delphinense* Font., qui a les côtes plus fines. Le *D. sexangulare* L. (type) possède un nombre de côtes moins grand. Notre exemplaire correspond exactement à la variété tortonienne de Baden, décrite sous le nom de variété *b* par Deshayes.

59. Dentalium Bouei Desh.

Hoernes, *loc cit.*, t. I, pl. L, fig. 3o.
Deshayes, *Dentale*, pl. IV, fig. 8.

Espèce du tortonien de Baden (Autriche).

Très abondant. Marnes intercalées dans le Blockformation. Quentar.

60. Ancillaria obsoleta Br. sp.

Brocchi, *Conch. sub.*, pl. V, fig. 6.
Ancillaria glandiformis, var. *E*, Grateloup; Hoernes, t. I, pl. VI, fig. 4-5.

Notre forme est à rapprocher des exemplaires de Saubrigues que possède la collection de la Sorbonne.

Cette espèce est fréquente dans le tortonien; elle se rencontre aussi dans l'astien d'Italie.

Trois échantillons. Canal de la mine-d'or, près Quentar.

61. Conus cf. demissus Ph.

Philippi, *Enum. Moll. Sic.*, t. XXVIII, fig. 22.

Un exemplaire. Quentar.

62. **Arca diluvii** Lam.

Hoernes, t. II, pl. XLIV, fig. 3 4, p. 333.

Assez commun à Quentar.

63. **Nucula placentina** Lam.

Philippi, *Moll. Sic.*, t. I, p. 65, pl. V, fig. 7.

Un échantillon. Quentar.

64. **Pecten (Chlamys)** sp. indet.

Même gisement.

65. **Pecten (Chlamys) bollenensis** Mayer.

Espèce trouvée dans les conglomérats de la vallée des Aquas Blanquillas.

66. **Amussium (Pleuronectia) cristatum** Brocchi sp.

Hoernes, t. II, pl. CXVI, fig. 1.
Fontannes, *Invert. plioc.*, t. II, pl. XIII, fig. 1 et 2.

Commun à Quentar.

67. **Bivalves** indét.

Quentar.

68. **Ostrea lamellosa** Brocchi.

Cocconi, *loc. cit.*, pl. X, fig. 14.

Quentar, Dudar, Talara, Beznar.

69. **Polypiers** divers.

Même gisement, Agron. (M. Bergeron.)

70. Ceratotrochus multispinosus Mich.

Milne Edwards, *Suites à Buffon*, t. II, p. 73.
Michelin, *Icon. zooph.*, pl. IX, fig. 5.

Forme identique à celles du tortonien de Tortone, dont nous avons examiné les types dans la collection de la Sorbonne.
Un échantillon. Même gisement.

SARMATIQUE (?).

A Jayena, des calcaires appartenant au même système que le gypse sont remplis d'empreintes de cerithes appartenant aux espèces suivantes :

71. Cerithium vulgatum Brug.

Pl. XXXIII, fig. 11 a, b.

Hoernes, t. 1, pl. XLI, fig. 2 et 3.

Nous avons fait figurer un fragment de cette espèce, obtenu par le moulage d'une des empreintes qui remplissent le calcaire de Jayena. Autant que l'on peut en juger, notre forme représente un type voisin de la variété miocène de Salles.
Jayena (route entre Jayena et Padul) avec l'espèce suivante.

72. Cerithium mitrale Eichw.

Pl. XXXIII, fig. 11 a.

Eichwald, *loc cit.*, pl. VII, fig. 10.

C'est sans aucun doute au *Cer. mitrale* Eichw. qu'il faut rapporter les nombreux moulages que nous ont fournis les calcaires de Jayena. Le *Cer. mitrale* est voisin du *Cer. pictum*.
D'après M. Bittner (*Jhb. d. k. k. g. R.*, 1883), il est caracté-

ristique des couches sarmatiques de la Galicie. L'espèce type. est de Podolie.

Très commun. Jayena.

72 *bis*. **Polypiers.**

Forment des couches entières au milieu des cailloutis. Jayena, Illora. Vallée des Aquas Blanquillas, Agron, etc.

SYSTÈME DU GYPSE.

(MESSINIEN.)

73. **Planorbis Mantelli** Dunker.

Pl. XXXIII, fig. 14 *a*, *c*.

1848. Dunker, *Palæontographica*, t. I, pl. XXXI, fig. 27-29.
1845. Thomae, *Fossile Conchylien aus den Tertiaerschichten bei Hochheim und Wiesbaden, Nass. Jahrb.*, II, p. 153 (*Planorbis solidus*).
Pl. cornu, Brongn., var. *solidus*, Thomae, auctorum.
1870-1875. *Planorbis cornu*, Brongn., var. *Pl. solidus* et var. *Mantelli*, Sandberger, *Land und Suesswasser-conchylien*, p. 577, et pl. XXVIII, fig. 18 *a* et 18 *b.*, *id.* Pl. XXVI, fig. 16.
1862-1867. *Pl. solidus*, Gaudry et Fischer, *Attique*, pl. LXI, fig. 10.

Espèce répandue dans le miocène supérieur de l'Allemagne (Steinheim, etc.), de l'Attique ; commune dans les couches à hipparion de Concud et de Teruel (Espagne) (coll. de Verneuil), dans le miocène supérieur de Moustiers-Sainte-Marie (Basses-Alpes), d'Ulm, de Vermes et d'Œningen (Suisse), d'Eichkogel (Autriche), etc.

Elle a été très bien figurée par Sandberger, qui, sous le nom de *Pl. solidus*, var. *Mantelli*, a représenté le type le plus répandu de cette forme. Nous avons comparé nos échantillons à des exemplaires de Wiesbaden déposés dans la collection de l'université de Strasbourg et à des formes du miocène supérieur de Zwiefalten (Allemagne), que nous a envoyées M. le professeur Andreæ de

19.

Heidelberg; les formes de l'Andalousie nous ont paru se rattacher à l'espèce allemande. Cette dernière, accompagnant l'*Helix moguntina,* occupe un horizon assez élevé dans le miocène.

Elle ressemble au *Planorbis corneus* (In *Sandberger,* pl. XXXIII, fig. 24), mais s'en distingue par sa face inférieure plus profonde et par son ombilic un peu plus large.

Elle diffère du *Pl. praecorneus* Tournouer par l'absence de stries longitudinales et par la présence de stries d'accroissement plus fortes.

Elle a de l'analogie avec *Pl. subteres* de Thalfingen, mais possède un ombilic plus étroit.

Enfin *Pl. heriacensis* Fontannes, var. *occitanica* du pliocène de Saint-Genest (Gard) [1], n'est, d'après Fontannes lui-même, qu'une variété du *Pl. Mantelli,* variété dont se rapprochent énormément certains de nos échantillons. On la cite habituellement sous le nom de *Pl. solidus;* toutefois le type aquitanien auquel on applique généralement en France cette dénomination est un peu différent (moins épais et à ombilic plus large).

Abondant. Dans les ravins entre Alhama et Arenas del Rey.

74. **Planorbis** sp. (Gyrorbis).

Arenas del Rey.

75. **Limnaea Forbesi** G. et F.

1873. Gaudry et Fischer, *Attique,* pl. LXI, fig. 20-23.

Les différences qui séparent notre forme du type de l'Attique sont trop minimes pour que l'on puisse songer à les distinguer.

Nos échantillons sont peut-être un peu moins renflés que ceux de la Grèce que nous avons eu l'occasion d'examiner au Muséum d'histoire naturelle.

[1] Diagnoses d'espèces et de variétés nouvelles des terrains tertiaires du bassin du Rhône; Lyon, 1883, fig. 18.

M. Gaudry a recueilli cette espèce dans les calcaires de Marco-poulo et de Calamo.

Assez rare. N. E. d'Arenas del Rey.

76. **Melanopsis impressa** Krauss.

Pl. XXXIII, fig. 12 a, b.

1852. Krauss, *Württ. Jahresh.*, t. VIII, pl. III, fig. 3, p. 143.
1856. Hoernes, t. I, pl. XLIX, fig. 10.
1870-1875. Sandberger, *Land und Suessw.-Conch.*, pl. XXXI, fig. 8.
1879-1880. Capellini, *Gli strati a congerie*, etc., pl. V, fig. 1-6.

Nos exemplaires correspondent bien aux figures données par M. Capellini de *Melanopsis impressa* Krauss. (Capellini, *Gli strati a congerie o la formazione Gessoso-solfifera nella provincia di Pisa e nei dintorni di Livorno*. R. Ac. del Lincei, 1879-1880, pl. V, fig. 1-6).

La figure du *Mel. buccinoidea* Fer., donnée par le même auteur (pl. IX, fig. 7-13), quoique très voisine, ne paraît pas avoir de callosité sur le dernier tour (2 figures : 12 et 13 se rapprochent de notre type).

D'un autre côté, Férussac (*Mon. d. esp. viv. et foss. du genre Melanopside*, fig. 3) a représenté une forme très voisine de la nôtre, mais à callosité plus prononcée et à spire moins aiguë. Elle vient d'Italie, entre Saint-Germussacni et Caviàsoli. Férussac y voit un passage à *Mel. Dufouri*.

Ce n'est pas non plus le *Mel. Dufouri* Fér., figuré par Capellini (pl. I, fig. 13-15), dont les tours sont plus étagés. Notre espèce est du reste plus grande que le *Mel. Dufouri* Fér., qui vit encore en Espagne d'après Férussac.

Le *Melanopsis Bonelli* Sism. a la carène du premier tour plus saillante et les tours sont plus scalariformes.

Le *Melan. impressa*, figuré par Sandberger, est un peu plus renflé que le nôtre.

En résumé, la variété andalouse que nous figurons paraît être très voisine de celle qu'a représentée M. Capellini; notre forme est seulement un peu moins large vers l'ouverture. En tout cas, elle fait partie du groupe de mélanopsides (*Mel. impressa, Mel. Bonelli,* Sism. in Capellini, *Mel. buccinoides* Fér.) citées et figurées par M. Capellini des couches sulfogypseuses d'Italie.

Le type de Krauss est de Kirchberg an der Iller (miocène supérieur).

Très abondante dans la formation gypseuse à Arenas del Rey, Baños d'Alhama, Alfacar.

77. Bithinella (Hydrobia) etrusca Cap. sp.

Pl. XXXIII, fig. 13 *a, b.*

1880. Capellini, *loc. cit.,* pl. II, fig. 5-8, 13-20 (= *Paludina avia,* Eichw.).

C'est bien l'espèce des couches à Congéries d'Italie figurée par M. Capellini. Nous en possédons une série d'échantillons reproduisant les variations représentées par l'auteur italien.

Très abondant. Arenas del Rey, Venta Dona.

CALCAIRE LACUSTRE DU MIOCÈNE SUPÉRIEUR.

Le calcaire lacustre qui, dans le bassin de Grenade, couronne le système de gypse, s'est montré pauvre en restes organisés. C'est à peine si aux environs de Salar et de Santa-Cruz, nous avons pu y trouver quelques mollusques isolés et d'une conservation médiocre.

78. Planorbis cf. Mantelli Dunker.

Pl. cornu, Gaudry et Fischer, *Attique,* pl. LXI, fig. 10.
(Voir *ante,* le n° 73).

Exemplaires mal conservés à tours plus épais que ceux du messinien à gypse et se rapprochant davantage de *Pl. corneus,* presque identiques à la forme d'Attique figurée par M. Gaudry et qui a les tours un peu moins déroulés que les échantillons de Sandberger.

Calcaire lacustre, sud de Salara (Venta Dona), route de Loja à Alhama, route de Santa Cruz à Loja.

79. **Limnæa girondica** Noulet.

L. subpalustris d'Orb.

Sandberger, *Land und Süessw.-Conch.*, pl. XXV, fig. 15, 15 *a*, p. 478.

Sud de Salar (route de Salar à Alhama). Calcaire lacustre.

79 *bis.* **Hydrobia** sp.

Route d'Alhama à Loja.

PLIOCÈNE.

La partie inférieure du pliocène est représentée sur la côte de la Méditerranée par les dépôts riches en fossiles de Malaga (los Tejares), dont le mémoire de M. Bergeron, contenu dans ce volume, a fait connaître la faune.

Ayant visité à l'est de Malaga une série de gisements du pliocène moyen, également assez fossilifère, nous donnons ici l'énumération des espèces recueillies. Les couches qui nous les ont fournies appartiennent à l'horizon du Monte Mario et du Roussillon. (4ᵉ étage méditerranéen.)

PLIOCÈNE MOYEN.

80. **Oxyrhina xiphodon** Ag. [1].

1843. Agassiz, *Poissons fossiles*, t. III, pl. XXXIII, fig. 11-17.

Assez commun. Espèce plutôt miocène, quoique M. Lawley l'ait citée dans le pliocène de Toscane.

Los Tejares.

[1] Déterminé par M. le professeur Bassani, de Naples.

81. **Scalaria semicostata** Mich.

Michaud, *Descr. de quelques esp. coq. viv.* (*Bull. soc. Linn. Bordeaux*, t. III), p. 260.
Fontannes, *Invert.*, t. I, pl. VII, fig. 15 et 16.

Le Palo. Un exemplaire.

82. **Dentalium** sp.

Fragment. Le Palo.

83. **Venus umbonaria** Lam.

Hoernes, t. II, pl. XII, fig. 1-6.

Un exemplaire. Le Palo.

84. **Spondylus** sp.

Le Palo. Un échantillon.

85. **Pecten (Janira, Vola) benedictus** Lam.

Fontannes, *Invert.*, t. II, pl. XXII, fig. 1-2, p. 106.

Le Palo, Calla del Morral. Abondant.

86. **Pecten (Janira) jacobaeus** L.

Le Palo. Trois exemplaires.

87. **Pecten (Janira)** cf. **grandis** Sow?

Nyst., pl. XXII, fig. I, p. 193.

Une valve gauche paraissant se rapporter à cette espèce. Le Palo.

88. Pecten (Chlamys) latissimus Brocch.

Font., *Invert.*, t. II, p. 185.
Font., *Bull. Soc. géol.*, 3ᵉ série, t. XII, pl. XVI, fig. 2.

Le Palo.

89. Pecten (Chlamys) venustus Goldf.

Goldf., pl. CVII, fig. 1 et 2.

Le Palo. Rare.

90. Pecten (Chlamys) sarmenticus Goldf.

Goldf., *Petr. Germ.*, pl. XCV, fig. 7.

Le Palo. Assez rare.

91. Pecten (Chlamys) scabrellus Lam.

Fontannes, *Invert.*, t. II, pl. XII, fig. 2 et 3, p. 187.

Très abondant. Le Palo.

92. Pecten (Chlamys) bollenensis Mayer.

Mayer, *Journ. de Conch.*, t. XXIV, p. 169, pl. VI, fig. 2.
Fontannes, *Invert.*, t. II, pl. XII, fig. 4-8, p. 189.

Se rencontre en échantillons bien conformes aux types figurés par M. Fontannes.
Très abondant. El Palo, Los Tejares.

93. Pecten (Chlamys) radians Nyst.

Nyst., pl. XXIV, fig. 3.

94. Pecten (Chlamys) ventilabrum Goldf.

Goldfuss., *Petr. Germ.*, XCVII, fig. 1-2.

El Palo. Assez commun.

95. Pecten (Chlamys) pusio L.

Fontannes, *Invert.*, pl. XII, fig. 10 et 11.

Rare. Le Palo.

96. Pecten (Chlamys) striatus Brocchi sp.

Brocchi, pl. XVI, fig. 16-17.

Assez commun. Le Palo.

97. Pecten (Chlamys) Sowerbyi Nyst.

Nyst., pl. XXII *bis*, fig. 3, p. 293.

Assez rare. Le Palo.

98. Amussium (Pleuronectia) cristatum Brocchi sp.

Pleuronectia cristata Bronn., Fontannes, *Invert.*, t. II, pl. XIII, fig. 1 et 2, p. 198.

Abondant. Le Palo, Los Tejares.

99. Ostrea lamellosa Brocchi.

Font., *Invert.*, t. II, pl. XVI, fig. 1 et 2, p. 223.
Cocconi, pl. IX, fig. 10, 12, 13 et 14; pl. X, fig. 8-11, et pl. XI, fig. 3-8.

Commun. Le Palo; on nous l'a également communiquée de castillo de San Lucar, près Séville. (M. Calderon.)

100. Ostrea barriensis Font.

Fontannes, *Invert.*, t. II, pl. XV, fig. 1-7, p. 219.

Le Palo.

101. Ostrea perpiniana Font.

Fontannes, *Invert.*, t. II, pl. XVI, fig. 3-5, p. 221.

Assez rare. Le Palo.

102. Ostrea Companyoi Font.

Fontannes, *Invert.*, t. II, pl. XVII, fig. 1-6, p. 226.

Assez rare. Le Palo.

103. Ostrea cucullata Born.

Fontannes, *Invert.*, t. II, pl. XVII, fig. 7-12, et pl. XVIII, fig. 1-6.

Le Palo. Assez commun.

104. Ostrea cucullata Born. var. comitatensis Font.

Fontannes, *Invert.*, t. II, pl. XVII, fig. 12.

Le Palo.

105. Ostrea cochlear Poli.

Fontannes, *Invert.*, t. II, pl. XVIII, fig. 8, et pl. XIX, fig. 1-3.

Le Palo. Assez commun.

106. Muhlfeldtia (Megerlea truncata) L. sp., var. rotundata Requien.

Chenu, *Manuel*, t. II, p. 206, fig. 1053-1055.
Davidson, *It. ter. Brach.*, pl. XXI, fig. 1.

Rare. Le Palo.

20.

107. **Terebratula ampulla** Brocchi.

Brocchi, *loc. cit.,* pl. X, fig. 5.

Le Palo. Rare.

108. **Rhynchonella complanata** Brocchi sp.

Brocchi, *loc. cit.,* pl. V, fig. 6 *a, b.*

Los Tejares. Un exemplaire.

109. **Balanus concavus** Bronn.

Darwin, *Fossil Balanidæ and Verrucidæ of Great Britain (Palæontogr.
Society,* vol. VIII, 1855), pl. I, fig. 4.
(= *B. tintinnabulum,* Brocchi. = *B. cylindraceus,* Lam.)

Commun. Le Palo.

Liste des ouvrages cités dans le cours de ce travail ou consultés
pour la détermination des espèces qui y sont mentionnées[1].

L. Agassiz. *Recherches sur les poissons fossiles.* Neufchatel, 1833-1843.

F.-v. Alberti. *Ueberblick über die Trias.* Stuttgart, 1864.

Bayle. *Explication de la carte géologique de France*, t. IV, 1re partie. 1868.
(Atlas.)

Bittner. *Ueber den Charakter der sarmatischen Fauna des Wiener Beckens.*
(Jhb. der kais.-kœn. geol. Reichsanst., t. XXXIII.) Vienne 1883.

De Blainville. *Mémoire sur les Bélemnites.* Paris-Strasbourg, 1827.

Brocchi. *Conchiologia fossile subapennina.* Milan, 1814.

Bronn. *Zeitschrift für Mineralogie von Leonhardt*, n° 63, p. 532, 1827.

Capellini. *Gli strati a Congerie o la formazione gessosa solfifera nella provincia
di Pisa e nei dintorni di Livorno.* (R. Ac. dei Lincei mem.) Rome, 1880.

Capellini I. *Brachiopodi degli strati a Terebratula Aspasia Mgh. nell'Appennino
centrale.* (R. Ac. dei Lincei.) Rome, 1880.

Catullo. *Memoria geognostico-paleozoica sulle Alpi Venete.* Modena, 1847.

Chenu. *Manuel de conchyliologie et de paléontologie conchyliologique.* Paris,
1859.

Cocconi. *Enumerazione sistematica dei molluschi miocenici e pliocenici delle
provincie di Parma e di Piacenza.* Bologna, 1873.

Cotteau. *Échinides nouveaux ou peu connus.* Paris, J.-B. Baillière, 1858-1880.

Coquand. *Mémoire sur les Aptychus.* (Bull. Soc. géol. de France, 1re série,
XII, p. 376.) 1841.

Cotteau. *Paléontologie française. Terrain jurassique. Échinides irréguliers.* Paris,
1867-1874.

Cotteau et Locard. *Description de la faune des terrains tertiaires moyens de la
Corse.* Paris-Genève, 1877.

Cotteau. *Échinides de Stramberg.* (V. Zittel.)

Darwin. *Fossil Balanidæ and Verrucidæ of Great. Britain.* (Palæont. Soc.,
vol. VIII, 1855.)

Davidson. *A monograph of the british fossil Brachiopoda.* (Palæontographical
Society, 1851-1855.)

Davidson. *On italian tertiary brachiopoda.* (Geol. mag. sept.-oct. 1870.)

Deshayes. *Mollusques de Morée* in *Expédition scientifique de Morée.* (Section
des sciences physiques, t. III.) Paris, 1832.

---

[1] La plupart de ces Mémoires sont cités dans le texte en abréviation. Il sera
facile, grâce à cette table, de trouver le titre complet de chacun d'eux.

Deshayes. *Anatomie et monographie du genre Dentale.* 1825.

Deslongchamps. *Paléontologie française. Terrains jurassiques. Brachiopodes.* Paris, 1862-1885.

Deslongchamps. *Nouvelles observations sur le genre Eligmus.* (Bull. Soc. linnéenne de Normandie.) Caen, 1857.

Dubois de Montpéreux. *Conchyliologie fossile et aperçu géognostique des formations du plateau wolhyni-podolien.* Berlin, 1831.

F. Dujardin. *Mémoire sur les couches du sol en Touraine et description des coquilles de la craie et des faluns.* (Mém. Soc. géol. 1ᵉ série, t. II, n° 9, 1835.)

Dumortier. *Études paléontologiques sur les dépôts jurassiques du bassin du Rhône,* t. I-IV. Paris, 1864-1874.

Dumortier et Fontannes. *Description des Ammonites de la zone à Am. tenuilobatus de Crussol (Ardèche).* Paris-Lyon, 1876.

Dunker. *Ueber die in der Molasse bei Günzburg unfern Ulm vorkommenden Conchylien und Pflanzenreste.* (Palæontogr., t. I, p. 155.) Cassel, 1848.

Eichwald. *Lethæa rossica ou Paléontologie de la Russie.* Stuttgart, 1859.

Ern. Favre. *Description des fossiles du terrain oxfordien des Alpes fribourgeoises.* (Mém. Soc. paléont. suisse, t. III.) Genève-Paris, 1876.

Ern. Favre. *Description des fossiles du terrain jurassique de la montagne des Voirons* (Savoie). [Mém. Soc. paléont. suisse. 1875.]

Ern. Favre. *La zone à Ammonites acanthicus dans les Alpes de la Suisse et de la Savoie.* (Mém. Soc. paléont. suisse, t. IV.) Genève, 1877.

Ern. Favre. *Description des fossiles des couches tithoniques des Alpes fribourgeoises.* (Mém. Soc. paléont. suisse, t. VI.) Genève, 1880.

Férussac. *Monographie des espèces vivantes et fossiles du genre Melanopsis.* (Mém. Soc. hist. nat. de Paris, t. I, 1822.)

Fischer. *Manuel de conchyliologie et de paléontologie conchyliologique.* Paris, Savy, 1887.

F. Fontannes. *Les invertébrés du bassin tertiaire du S. E. de la France. Les mollusques pliocènes de la vallée du Rhône et du Roussillon* (2 vol.). Lyon-Paris, 1879-1882.

F. Fontannes. *Études stratigraphiques et paléontologiques pour servir à l'histoire de la période tertiaire dans le bassin du Rhône.* Lyon-Paris.

II. Les terrains supérieurs du Haut Comtat Venaissin, 1876.

III. Le bassin de Visan, 1878.

VI. Le bassin de Crest (Drôme), 1880.

VII. Les terrains tertiaires de la région delphino-provençale, 1881.

F. Fontannes. *Description des Ammonites des calcaires du château de Crussol (Ardèche).* Lyon-Paris, 1879.

F. Fontannes. *Sur une des causes de la variation dans le temps des faunes malacogiques à propos de la filiation des* Pecten restitutensis *et* latissimus. (Bull. Soc. géol., 3° série, t. XII, p. 357.) 1882.

Th. Fuchs. *Die jüngeren Tertiaerbildungen Griechenlands.* (Denkschr. der math. naturw. Klasse der k. Ak. der Wiss.) Wien, 1877.

Th. Fuchs. *Beitraege zur Kenntniss der Miocaenfauna Ægyptens und der libyschen Wüste.* (Palæontographica, t. XXX.) Cassel, 1883.

A. Gaudry. *Animaux fossiles de l'Attique.* Paris, 1862-1867.

A. Gaudry, Fischer et Tournouër. *Animaux fossiles du mont Léberon (Vaucluse).* Paris, 1873.

G.-G. Gemmellaro. *Studii paleontologici sulla fauna del calcare a Terebratula 'janitor del nord di Sicilia.* Palerme, 1868-1876.

G.-G. Gemmellaro. *Sopra alcune faune giurese e liasiche della Sicilia. Studi paleontologici.* Palerme, 1872-1882.

A. Goldfuss. *Petrefacta Germaniae.* Düsseldorf, 1841-1844.

Albin Gras. *Catalogue des corps organisés qui se rencontrent dans le département de l'Isère.* Grenoble, 1852.

Grateloup. *Conchyliologie des terrains fossiles du bassin de l'Adour.* Bordeaux, 1840.

Guembel. *Geognostische Beschreibung des bayerischen Alpengebirges und seines Vorlandes.* Gotha, 1861.

F. von Hauer. *Beitraege zur Kenntniss der Heterophyllen der œsterreichischen Alpen.* (Sitzungsber. d. Math. naturw. Klasse d. kais. Akad. d. Wiss., t. XII, p. 861.) Vienne, 1864.

F. von Hauer. *Ueber die Cephalopoden aus dem Lias der nordœstlichen Alpen.* (Denkschriften d. math.-naturw. Klasse der k. Ak.) Vienne, 1856.

Herbich. *Das Skéklerland.* (Mittheilungen aus dem Jahrb. d. k. ung. geol. Anstalt, t. V, n° 2.) 1878.

E. Haug. *Beitræge zu einer Monographie der Ammonitengattung Harpoceras.* (Neues Jahrb. für Min. etc. Beil. B, t. III, p. 585.)

E. Haug. *Die geologischen Verhœltnisse der Neocomablagerungen der Puezalpe bei Corvara in Südtirol.* (Jahrbuch der k. k. geol. Reichsanstalt, t. XXXVII, n° 2.) 1887.

H. Haas. *Die Brachiopoden der Juraformation von Elsass-Lothringen.* (Abhand. zur geol. Spezialkarte von Els-Lothr., t. II, 1882.) Strasbourg.

Ed. Hébert. *Observations sur les calcaires à* Terebratula diphya *du Dauphiné et en particulier sur les fossiles des calcaires de la Porte-de-France (Descriptions d'*Am. Nilsoni*).* [Bull. Soc. géol. de France, 2° série, t. XXIII, p. 521.] 1866.

Hoernes. *Die fossilen Mollusken des Tertiaerbeckens von Wien.* (Abh. d. k. k. geol. Reichsanstalt.) Vienne, 1856-1876.

Kilian (W.). *Description géologique de la montagne de Lure* (Basses-Alpes). [Ann. Soc. géol., t. XIX-XX, et thèse pour le doctorat.] Paris, G. Masson, 1888-1889.

Koby. *Monographie des polypiers jurassiques de la Suisse.* (Mém. Soc. pal. suisse.) 1880-1885.

Krauss. *Mollusken aus der Tertiaerformation von Kirchberg an der Iller.* (Württ. Jahresh. vaterl. Naturk., VIII, 136.) 1852.

Locard. *Description de la faune de la molasse marine et d'eau douce du Lyonnais et du Dauphiné.* (Arch. Muséum d'hist. nat. de Lyon.) 1878.

De Loriol. *Monographie de la zone à* Ammonites tenuilobatus *de Baden.* (Mém. Société paléont. suisse.) 1876-1878.

P. de Loriol. *Monographie des Crinoïdes fossiles de la Suisse.* (Mém. Soc. pal. Suisse, t. VI [fin].) 1879.

P. de Loriol. *Paléontologie française. Terrain jurassique. Crinoïdes.* 1882-1884.

Matheron. *Catalogue méthodique et descriptif des corps organisés fossiles du département des Bouches-du-Rhône et lieux circonvoisins.* Marseille, 1842.

Matheron. *Recherches paléontologiques dans le midi de la France.* Marseille, 1878-1880.

Meneghini. *Monographie des fossiles appartenant au calcaire rouge ammonitique de Lombardie et de l'Apennin de l'Italie centrale.* (In Stoppani, *Paléontologie lombarde.*) Milan, 1867.

Meneghini. *Nuovi fossili illustrati dal prof. G. Meneghini.* Pise, 1853.

Michaud. *Description de plusieurs espèces nouvelles de coquilles vivantes.* (Soc. linn. de Bordeaux.) Bordeaux, 1829.

H. Michelin. *Monographie des Clypéastres fossiles.* (Mém. Soc. géol., 2ᵉ série, t. VII, nᵒ 2.)

H. Michelin. *Iconographie zoophytologique.* Paris, 1840-1847.

H. Milne-Edwards. *Histoire naturelle des coralliaires.* (Collection des Suites à Buffon.) Paris, 1857.

Munier-Chalmas. *Thecididæ et Koninckidæ.* (Bull. Soc. géol., 3ᵉ série, t. VIII, p. 279.) 1880.

G. Gr. zu Münster. *Bemerkungen zur näheren Kenntniss der Belemniten.* Bayreuth, 1830.

Neumayr. *Jurastudien (Phylloceraten des Dogger und Mahn.)* [Jahrbuch. d. k. k. geol. Reichsanstalt, t. XXI, 1871.]

Neumayr. *Die fauna der Schichten mit Asp. acanthicum.* (Abh. d. k. k. geol. Reichsanstalt.) 1873.

Nicolis e Parona. *Note stratigraphiche e paleontologiche sul Giura superiore della provincia di Verona.* Rome, 1885.

Nyst. *Description des coquilles et des polypiers fossiles des terrains tertiaires de la Belgique.* Bruxelles, 1843.

W. A. Ooster. *Catalogue des céphalopodes fossiles des Alpes suisses.* (Mém. soc. helv. des sc. nat.) Zurich, 1861.

Oppel. *Die Juraformation Englands, Frankreichs und des südwestlichen Deutschlands.* (Württemb. naturw. Jahreshefte.) Stuttgart, 1856-1858.

Oppel. *Der mittlere Lias Schwabens.* (*Ibid.*) Stuttgart, 1853.

A. Oppel. *Paleontologische Mittheilungen aus dem Museum des kön. bayer. Staates.* Stuttgart, 1862.

Oppel. *Ueber die Brachiopoden des untern Lias.* (Zeitschr. d. deutsch. geol. Ges., t. XIII, 1861.)

D'Orbigny. *Prodrome de paléontologie stratigraphique universelle des animaux mollusques et rayonnés.* Paris, Masson, 1850-1852.

D'Orbigny. *Paléontologie française* : T. jurassiques, I, Céphalopodes, 1842-1849; T. crétacés, t. I, Céphalopodes, 1840-1842, et Supplément, 1847; t. II, Gastéropodes, 1842; t. III, Lamellibranches, 1343-1846; t. IV, Brachiopodes, 1847-1850.

D'Orbigny. *Paléontologie universelle des coquilles et des mollusques.* Paris, 1845. — *Mollusques vivants et fossiles.* Paris, 1855.

D'Orbigny. *Cours élémentaire de paléontologie et de géologie stratigraphiques.* Paris, Masson, 1849-1852.

D'Orbigny. *Notice sur le genre* Hamulina. (Journal de Conchyliologie, t. III, 1852, p. 207.)

De Orueta. *On some Points in the Geology of the neighbourhood of Malaga.* (Quart. Journ. Geol. Soc., t. XXVII, p. 109, pl. V.) 1871.

Philippi. *Enumeratio molluscorum Siciliæ tam viventium, tum in tellure tertiario fossilium,* etc. Halii Saxonum, 1844.

Phillips. *Illustrations of the Geology of Yorkshire.* York, 1829.

Pictet. *Mélanges paléontologiques.* (Mém. soc. de phys. et d'hist. nat. de Genève.) Genève, 1863-1868.

Pictet et Campiche. *Description des fossiles du terrain crétacé des environs de Sainte-Croix.* Genève, 1858-1871.

Pictet et de Loriol. *Description des fossiles contenus dans le néocomien des Voirons.* (Mat. pour la Pal. suisse, 2ᵉ série, I.) Genève, 1858.

Pillet et Fromentel. *Description géologique et paléontologique de la colline de Lémenc.* Chambéry, 1875.

Pillet. *Nouvelle description géologique et paléontologique de Lémenc sur Chambéry.* Chambéry, 1887.

IMPRIMERIE NATIONALE

Quenstedt. *Petrafaktenkunde Deutschlands. Cephalopoden*, 1849.

Quenstedt. *Brachiopoden.* Leipzig, 1871.

Quenstedt. *Der Jura.* Tübingen, 1858.

Quenstedt. *Handbuch der Petrafaktenkunde*, 2ᵉ éd. Tübingen, 1867.

Reinecke. *Maris protogæi Nautilos et Argonautas vulgo Cornua Ammonis, etc., descripsit*, etc. Coburg, 1818.

Reynès. *Monographie des Ammonites.* I. *Lias.* Paris, 1867.

Roemer. *Die Versteincrungen des norddeutschen Oolithengebirges.* Hannover, 1836.

Rothpletz. *Geologisch-palæontologische Monographie der Vilser Alpen, mit besonderer Berücksichtigung der Brachiopoden-Systematik.* (Palæontographica, t. XXXIII.)

Reynès. *Essai de géologie et de paléontologie aveyronnaises.* Paris, 1868.

Raspail. *Histoire naturelle des Ammonites et des Térébratules.* Paris-Bruxelles, 1866.

F. Sandberger. *Die Land- und Suesswasser-Conchylien der Vorwelt.* Wiesbaden, 1870-1875.

V. Schlotheim. *Versteinerungen aus V. Schlotheim's Sammlung und Nachtræge zur Petrafaktenkunde.* Gotha, 1822.

Seguenza. *Le Formazioni terziarie nella provincia di Reggio Calabria.* (R. Ac. dei Lincei.) Rome, 1880.

Seguenza. *Paleontologia malacologica dei terreni terziarii del distretto di Messina.* (Mem. Soc. it. di sc. nat. vol. I.) Milan, 1865.

Seguenza. *Studii paleontologici sui brachiopodi tertiarii dell' Italia meridionale n° 1.* Pise, 1871.

Sowerby. *The mineral Conchology of Great Britain.* Londres, 1812-1823.

De Stefani. *Lias inferiore ad arieti dell' Apennino settentrionale.* (Atti Soc. tosc. di Scienze nat. *Memorie*, t. VIII, p. 15.) Pise, 1887.

G. Steinmann. *Zur Kenntniss der Jura und Kreideformation von Caracoles* [*Bolivia*]. (Neues Jahrb. für Min. geol. und Pal. I Beilage Band, 239.) 1881.

Stoppani. *Studii geologici e paleontologici sulla Lombardia.* 1857.

Stoppani. *Paléontologie lombarde ou description des fossiles de Lombardie.* (Commencée en 1858.)

Suess. *Die Brachiopoden der Stramberger Schichten.* (Von Hauer, *Beitræge zur Paleontographie*, I, n° 1.) Vienne, 1859.

Thomae. *Fossile Conchylien aus den Tertiaerschichten bei Hochheim und Wiesbaden.* (Nass. Jahrb., II, p. 153.) 1845.

De Tribolet. *Note sur le genre Posidonomya et en particulier sur les Pos. alpina Gras. et P. ornati Quenst.*, suivie d'une liste des Posidonomyes jurassiques. (Journal de Conchyliologie, 3ᵉ série, XXVI, n° 3, p. 247.) 1876.

Uhlig. *Die Cephalopodenfauna der Wernsdorfer, Schichten.* (Denckschr. der mathem. naturwiss. Klasse der kais. Akad. der Wiss., t. XLVII.) Vienne, 1883.

M. Vacek. *Ueber die Fauna der Oolithe von Cap S. Virgilio.* (Abh. der k. k. geol. Reichsanstalt, t. XII, n° 3, 1886,)

Wood. *A monograph of the Crag mollusca.* (Palæontographical Society.) 1848-1850.

Zeuschner. *Nowe lub niedokladnie opisane gatunki skamienialosci Tatrowych.* Warsawa, 1846.

H. de Zieten. *Les pétrifications du Wurtemberg.* Stuttgart, 1830.

Zittel. *Paleontologische Mittheilungen aus dem Museum des königl. bayer. Staates*, t. III, n°5 ; G. Cotteau, *Die Echiniden der Stramberger Schichten.* Cassel, 1884.

K. Zittel. *Die Cephalopoden der Stramberger Schichten.* (Pal. Mitth. aus d. Mus. des k. bayer. Staates.) Stuttgart, 1868.

K. Zittel. *Die Fauna der ältern Cephalopodenführenden Tithonbildungen.* (Pal. Mitth., etc., t. II, 2.) Cassel, 1870.

Zittel. *Handbuch der Palæontologie München*, 1876-1889.

Zittel. *Geologische Beobachtungen aus den Central Apenninen.* Munich, 1869. (In Benecke, Geogn.- pal. Beitræge.)

FIN.

TABLE DES MATIÈRES.

ÉTUDES PALÉONTOLOGIQUES SUR LES TERRAINS
SECONDAIRES ET TERTIAIRES DE L'ANDALOUSIE.

LIAS SUPÉRIEUR.

TITHONIQUE.

22.

NOTA.

Les dénominations *Ostrea Maresi* et *Ostrea Barroisi* ayant été employées par Coquand et par Choffat, nous proposons, pour notre espèce, le nom d'*Ostrea Welschi* n. sp.

(Note ajoutée pendant l'impression.)

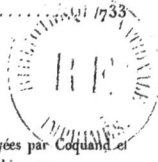

PLANCHE XXIV.

PLANCHE XXIV.

Fig. 1 . . . . Plaquette avec Bivalves divers (**Lucina**, etc.) et **Myophoria vestita** v. Alb. — Trias supérieur. El Chorro (tranchées du chemin de fer, vers Gobantes), p. 603 (coll. de la Sorbonne [1]).

2. *a*, *b* . . . . **Arietites cf. multicostatus** Hauer sp. — Lias à *P. Aspasia* Salinas, p. 607 (coll. de la Sorbonne).

3 . . . . **Pygope Aspasia** Men. sp. var. **major** Zitt.

    a . . . .   Vue de la partie frontale; la petite valve en dessous.

    b . . . .   Vue de la grande valve.

    c . . . .   Vue de profil.

    Lias à *Spiriferina rostrata*. Salinas, p. 610 (coll. de la Sorbonne).

4. *a*, *b* . . . . **Zeilleria Partschi** Opp. sp. — Même provenance, p. 611 (coll. de la Sorbonne).

5. *a*, *b*, *c*. . . . . **Rhynchonella bidens** Phil. — Lias moyen. Villanueva del Rosario, p. 613 (coll. de la Sorbonne).

6. *a*, *b*, *c*, *d*. . . **Rhynchonella Dalmasi** Dum. — Lias moyen. Salinas, p. 612.

7. *a*, *b* . . . . **Harpoceras algovianum** Opp. sp — Lias moyen. Sierra Elvira, p. 608.

8. *a*, *b* . . . . **Rhacophyllites lariensis** Men. sp. — Lias moyen. Sierra Elvira, p. 606.

9. *a*, *b* . . . . **Pygope erbaensis** Suess. sp. — Même provenance, p. 611.

[1] Tous les échantillons figurés dans ce mémoire sont, à moins d'indication contraire (coll. de Verneuil par exemple), déposés dans les collections du laboratoire de géologie de la Sorbonne.

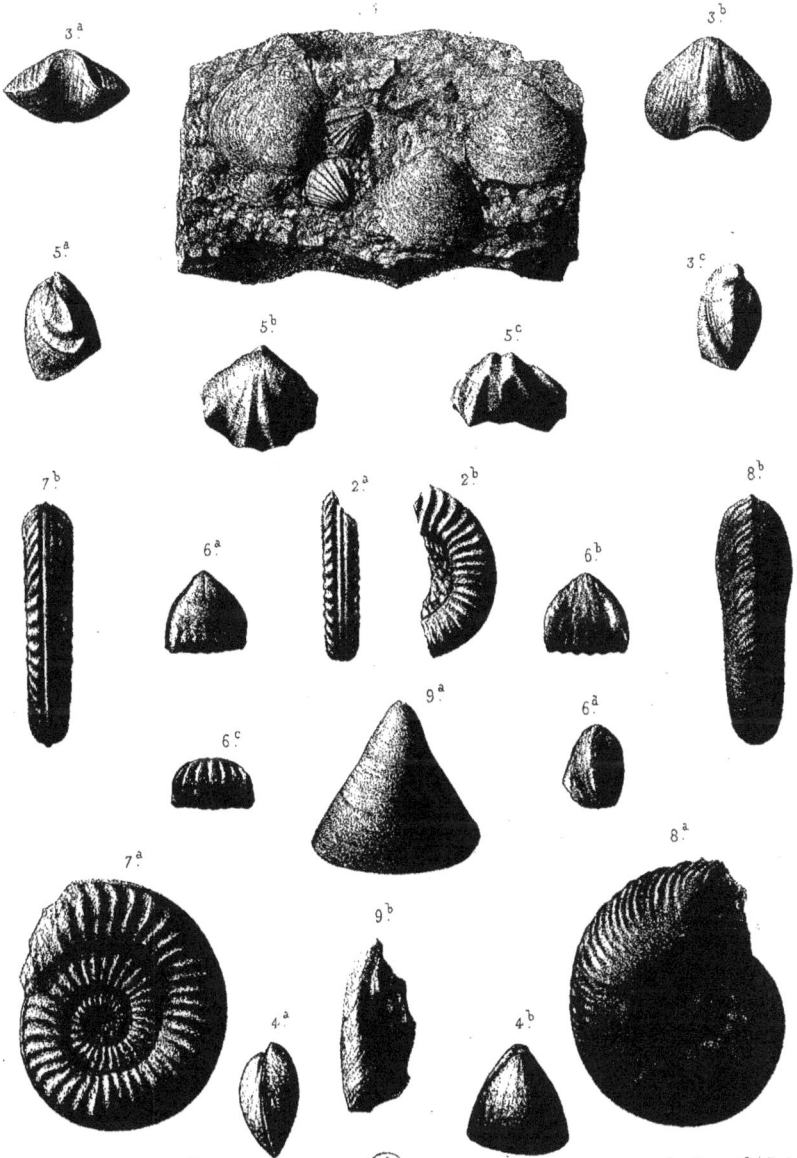

Dessiné et lith. par J.J. Bideault.   Imp. Becquet fr. à Paris.

Faunes triasique et liasique.

PLANCHE XXV.

PLANCHE XXV.

1.ᵃ

6.ᵃ

1ᵇ

2ᵃ

2ᶜ   2ᵇ

5.ᵃ

5ᵇ

6ᵇ

3.ᵃ

3ᵇ

4ᵇ

4ᵃ

s¹

s¹

sᵃ

sᵃ

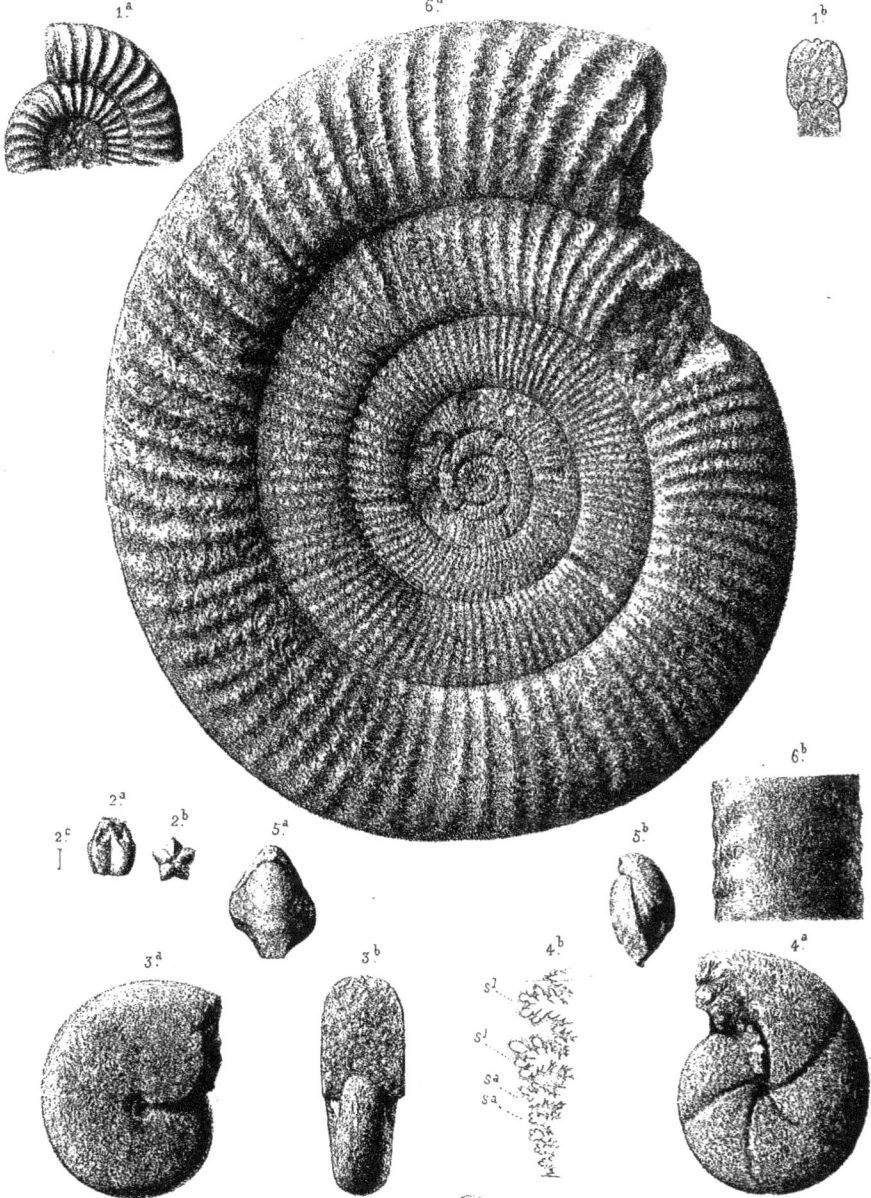

Dessiné et lith. par J.L. Rideault.   Imp. Becquet fr. à Paris.

Faunes jurassiques.

(Lias, Dogger et Malm.)

PLANCHE XXVI.

PLANCHE XXVI.

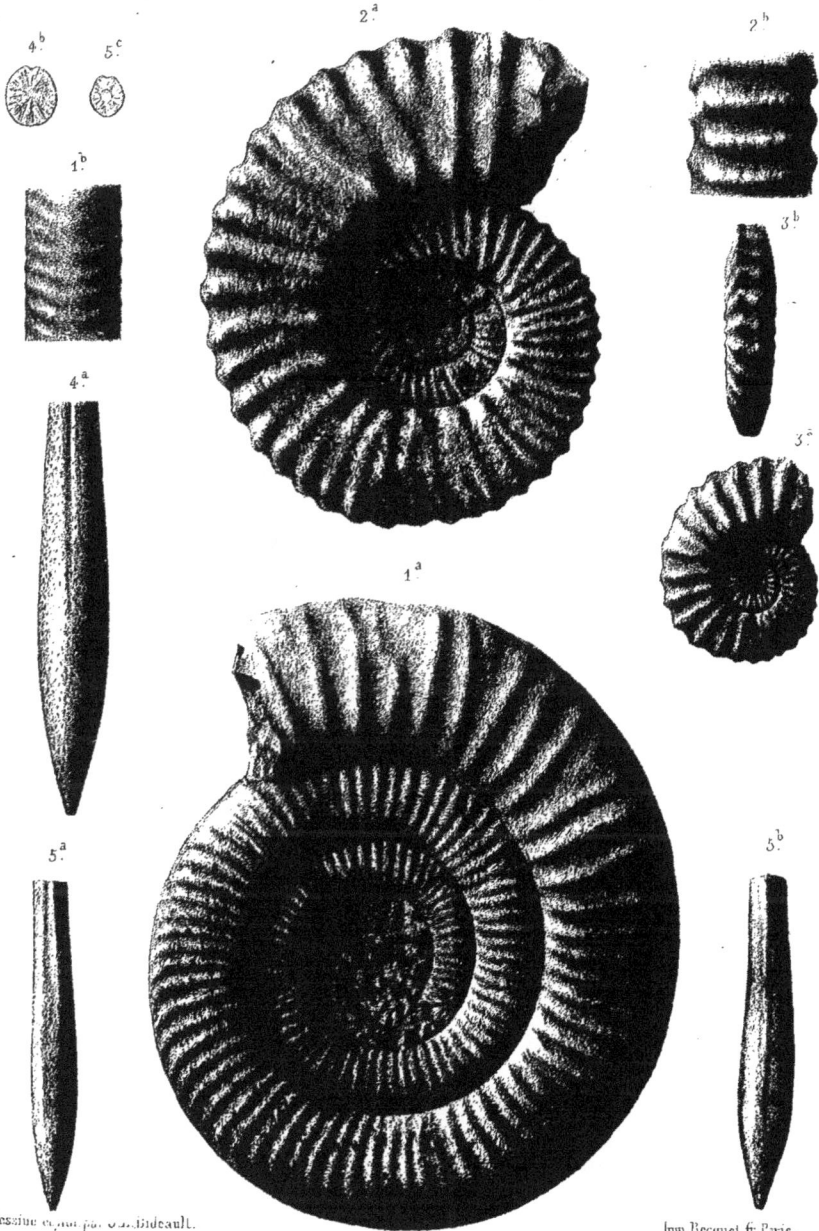

Faunes du Malm et du Tithonique.

PLANCHE XXVII.

PLANCHE XXVII.

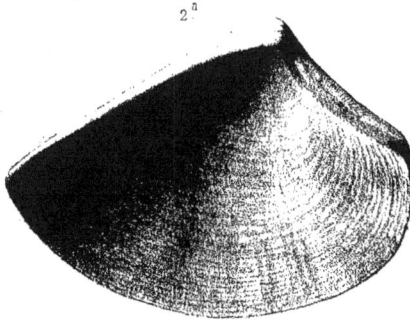

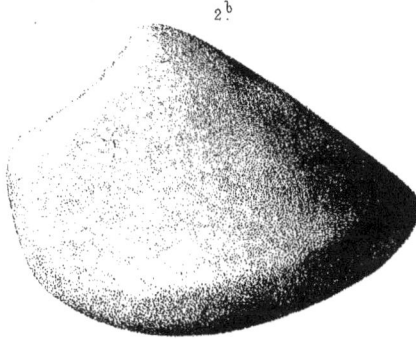

Faune Tithonique

PLANCHE XXVIII.

PLANCHE XXVIII.

1

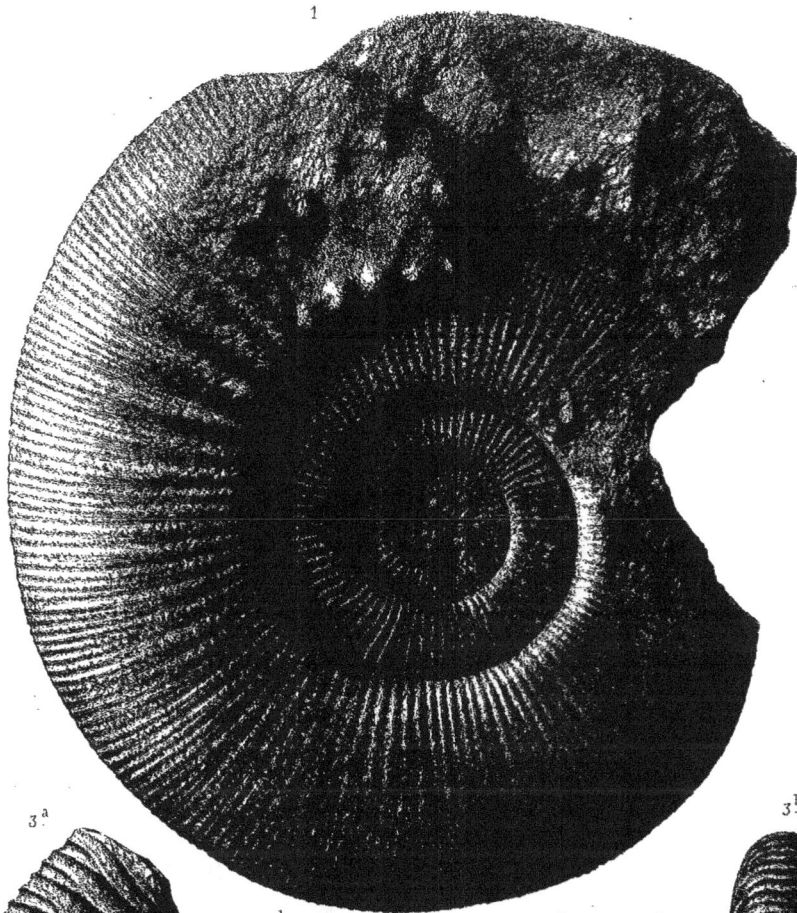

3 ᵃ

2 ᵇ

2 ᵃ
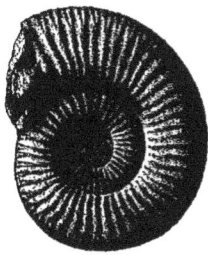

3 ᵇ
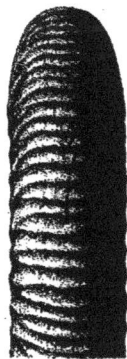

Dessiné et lith. par J.L. Bideault.   Imp. Becquet fr. à Paris.

Faune tithonique

PLANCHE XXIX.

PLANCHE XXIX.

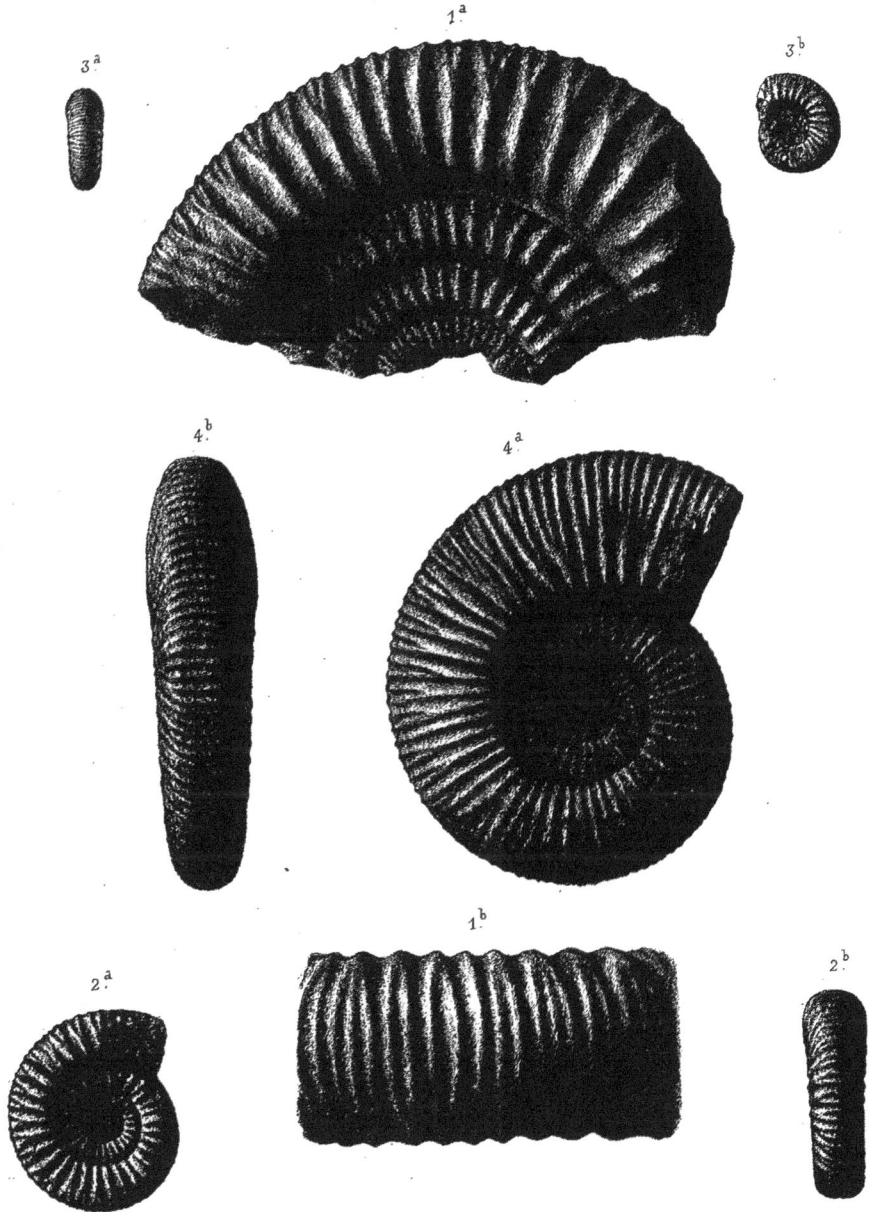

Dessiné et lith. par J.L. Bideault.   Imp. Becquet fr. à Paris.

Faune tithonique

PLANCHE XXX.

PLANCHE XXX.

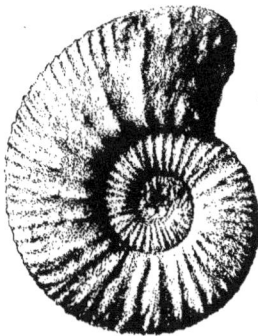

Dessiné et lith. par L. Bertrand   Imp. Becquet, Paris.

Faune   Jurassique.

PLANCHE XXXI.

PLANCHE XXXI.

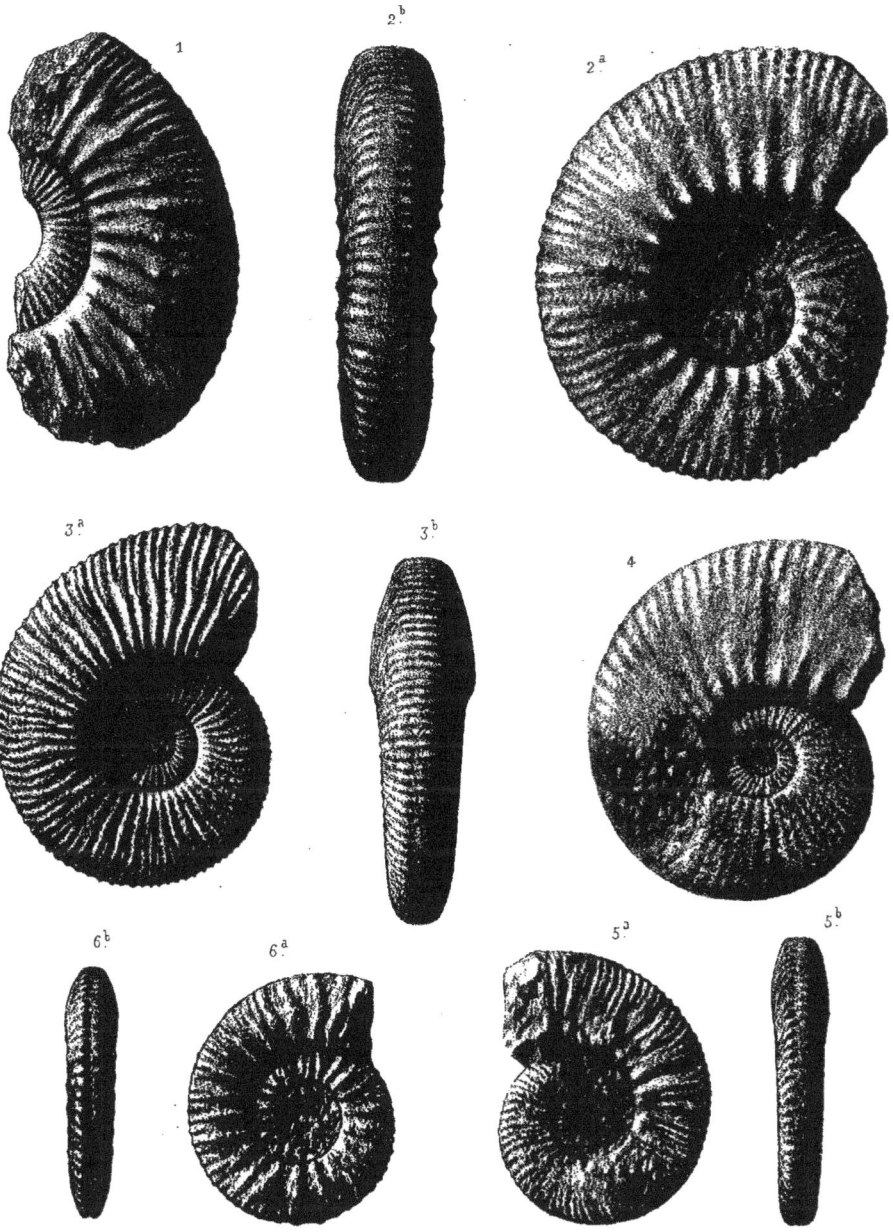

Faune tithonique

PLANCHE XXXII.

PLANCHE XXXII.

5.ᵃ

5.ᵇ

5.ᶜ

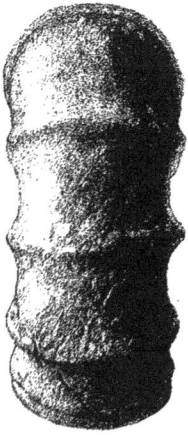

2

4.ᵃ

4.ᵇ

3.ᵃ

1.ᵃ

1.ᵇ

3.ᵇ

Dessiné et lith par J.L. Bideault.   Imp. Becquet fr. Paris.

Faune tithonique

PLANCHE XXXIII.

PLANCHE XXXIII.

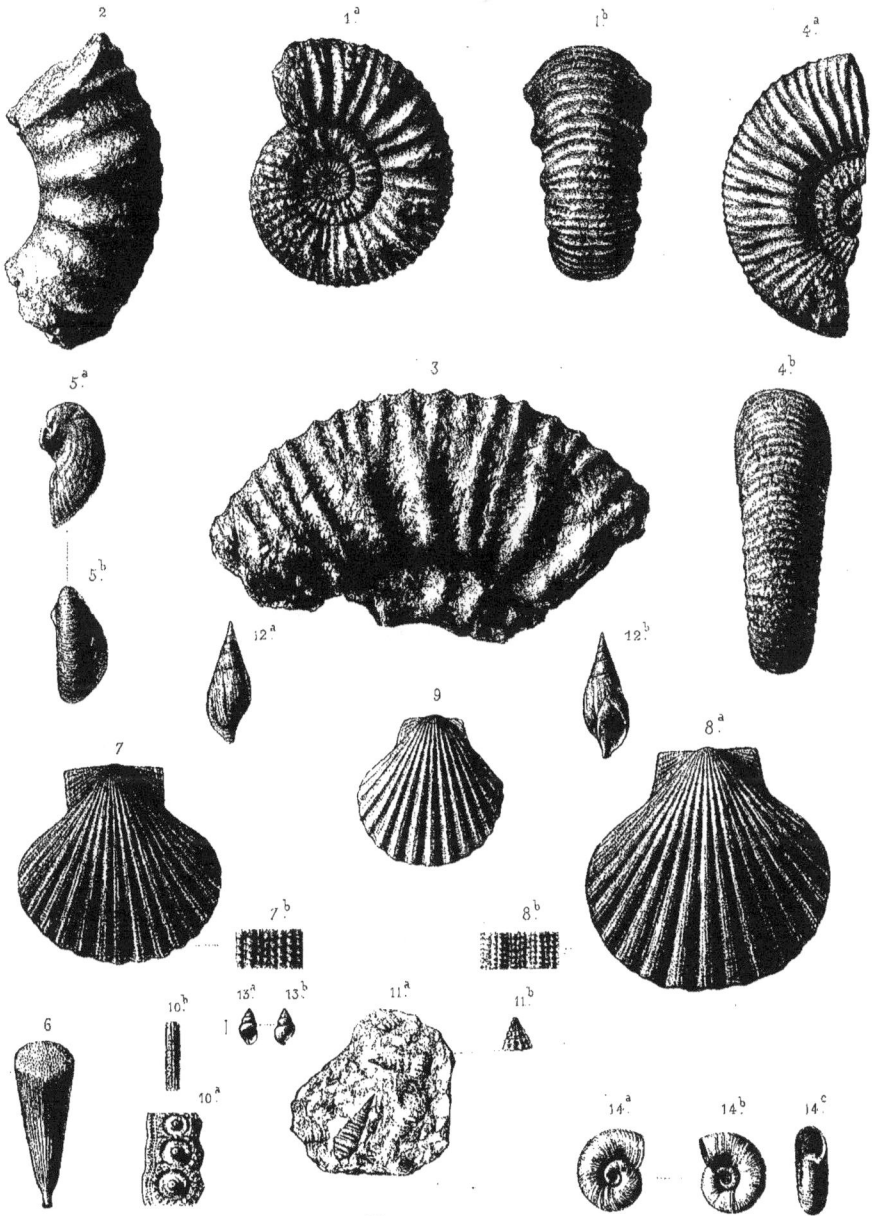

Dessiné et lith.par J.L.Bideault. Imp.Becquet.fr.Paris.

Faunes tithonique et miocène.

PLANCHE XXXIV.

PLANCHE XXXIV.

Fig. 1 . . . . **Ostrea chicaensis** Mun. Ch. — Valve libre (valve droite) d'un exemplaire prosogyre. Helvétien. Ben Chicao (Algérie), p. 711 (coll. de la Sorbonne).

2 . . . . **Ostrea Maresi** [1] Mun. Ch. (**Ostrea Barroisi** Kil.). — Valve gauche (valve fixée) d'un exemplaire opisthogyre. Même provenance, p. 712.

[1] Au moment de publier ce Mémoire, on nous fait remarquer que la dénomination d'**Ostrea Maresi** a déjà été employée par Coquand. Nous proposons donc pour l'espèce dont il s'agit ici le nom d'**Ostrea Barroisi** n. sp. (Note ajoutée pendant l'impression. — Clermont-Ferrand, décembre 1888.)

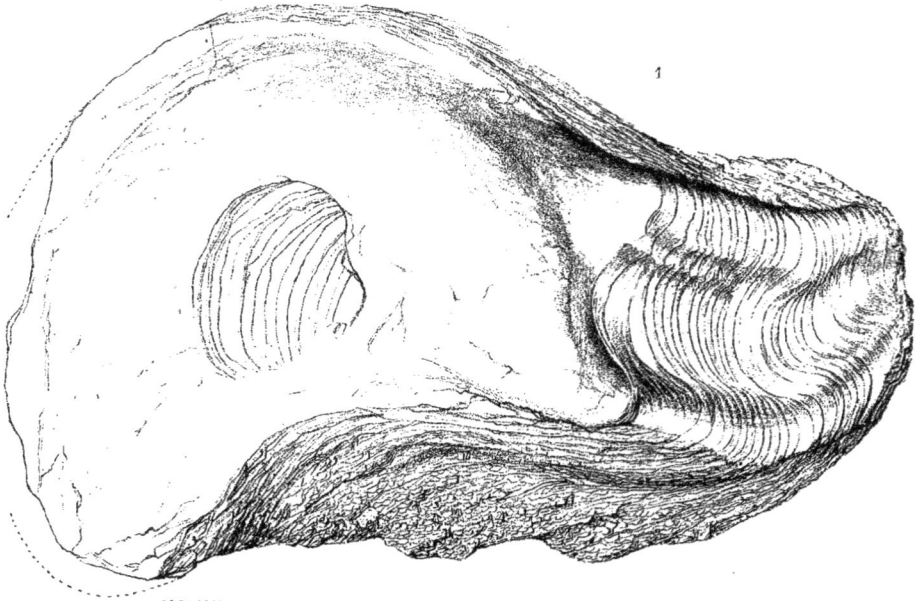

1

2

Dessiné et lith.par J.L.Bideault.   Imp.Becquet fr. Paris.

Faune Helvétienne.

PLANCHE XXXV.

cartouche Vénérat Mout, Chr. — Veut-on que les noms (le temple soient donnés), Ebrichem : Néphthys, p. 15 (coll. de la Bochussen).

cartouche Vénérat Mout, Chr. — Veut-on droite livre du même le culte Lebdin-a (Algérie), p. 312, (coll. de la Bochussen).

PLANCHE XXXV.

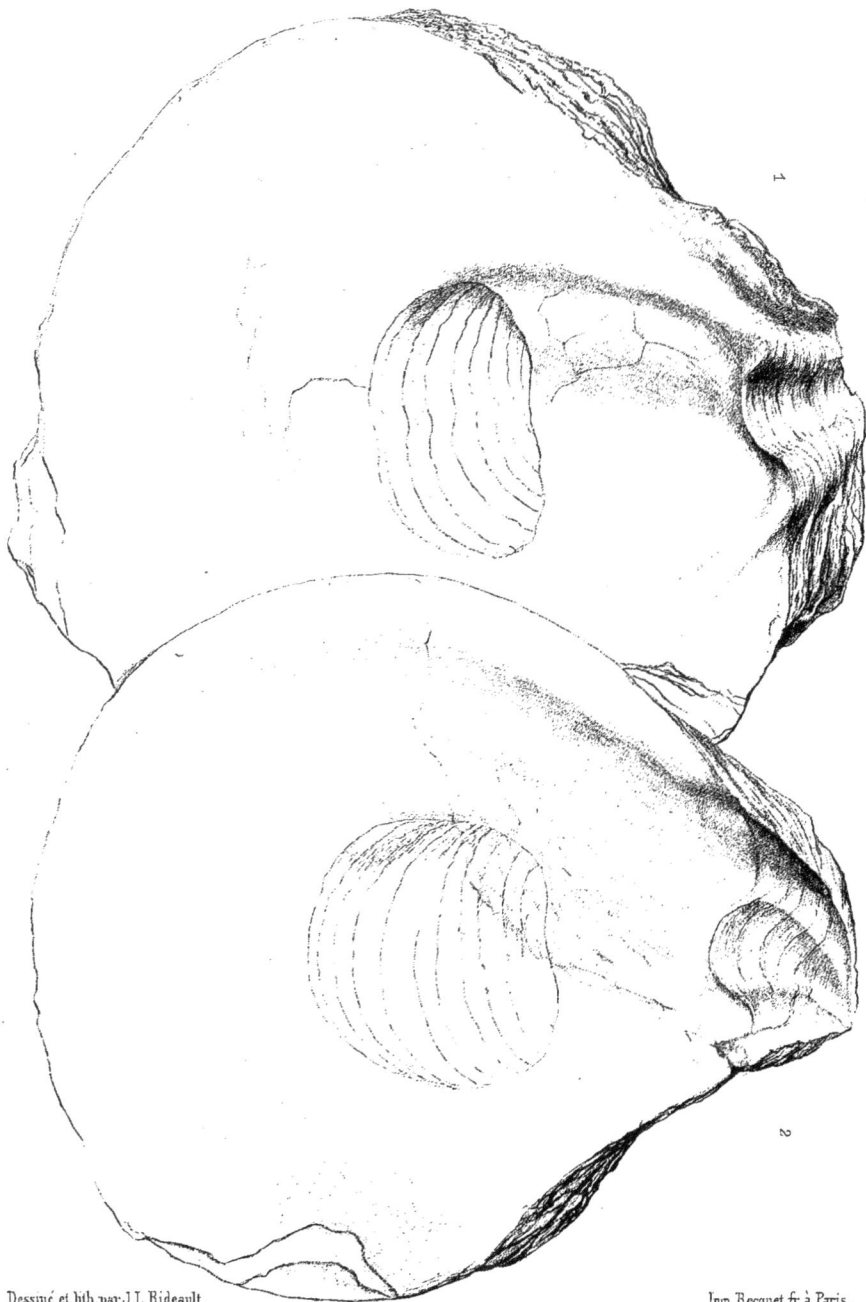

Dessiné et lith. par J.L. Bideault. Imp. Becquet fr. à Paris.

Faune helvétienne

PLANCHE XXXVI.

PLANCHE XXXVI.

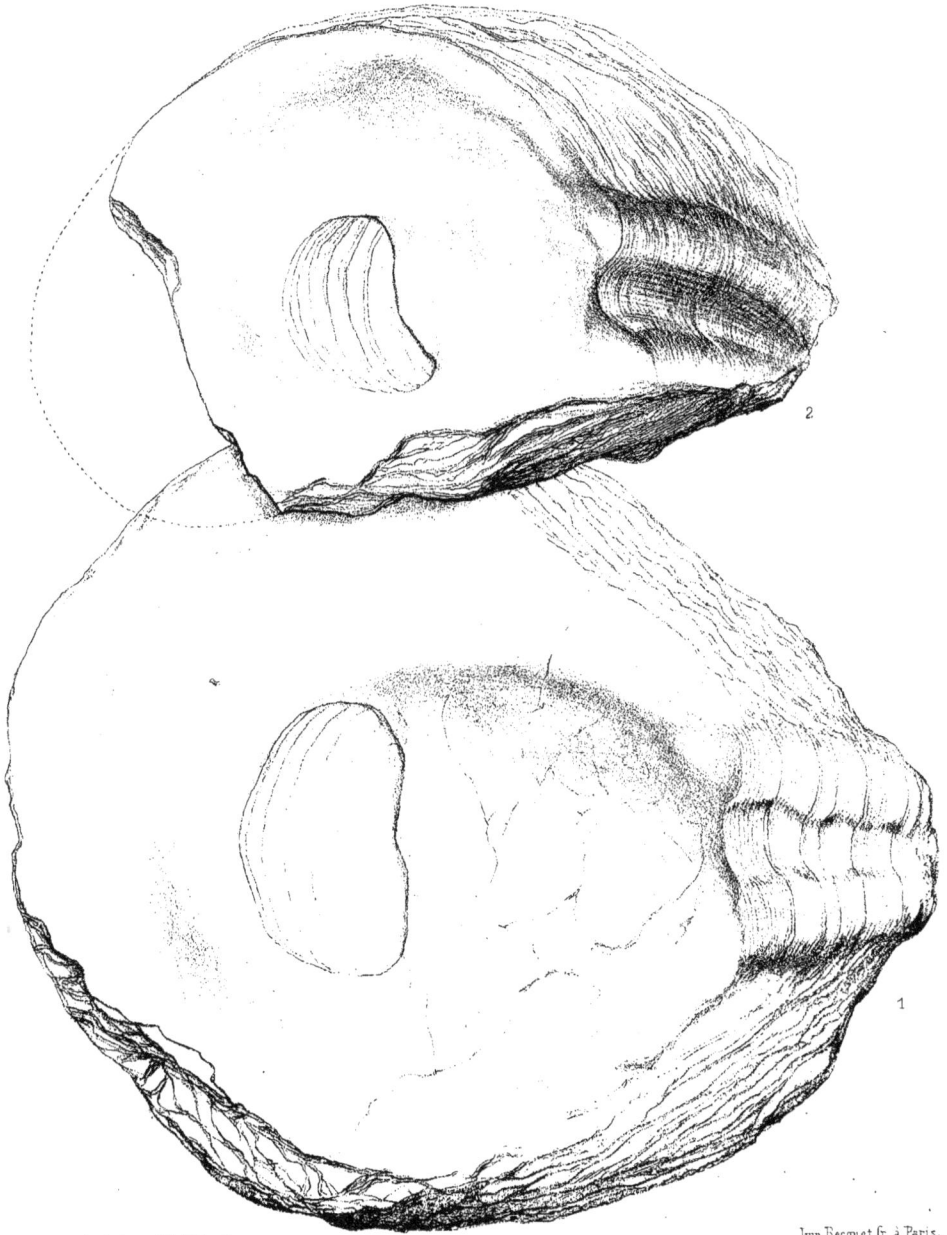

Dessiné et lith. par J.L. Bideault.   Imp. Becquet fr. à Paris.

Faunee Helvétienne

PLANCHE XXXVII.

PLANCHE XXXVII.

Fig. 1. a . . . . **Ostrea Offreti** n. sp. — Valve gauche (exemplaire opisthogyre). Helvétien. Montefrio, p. 715.

   b . . . . Même exemplaire et même valve, vue en dedans.

   2 . . . . Crochet d'un autre individu également opisthogyre. Valve gauche. Helvétien. Montefrio, p. 715.

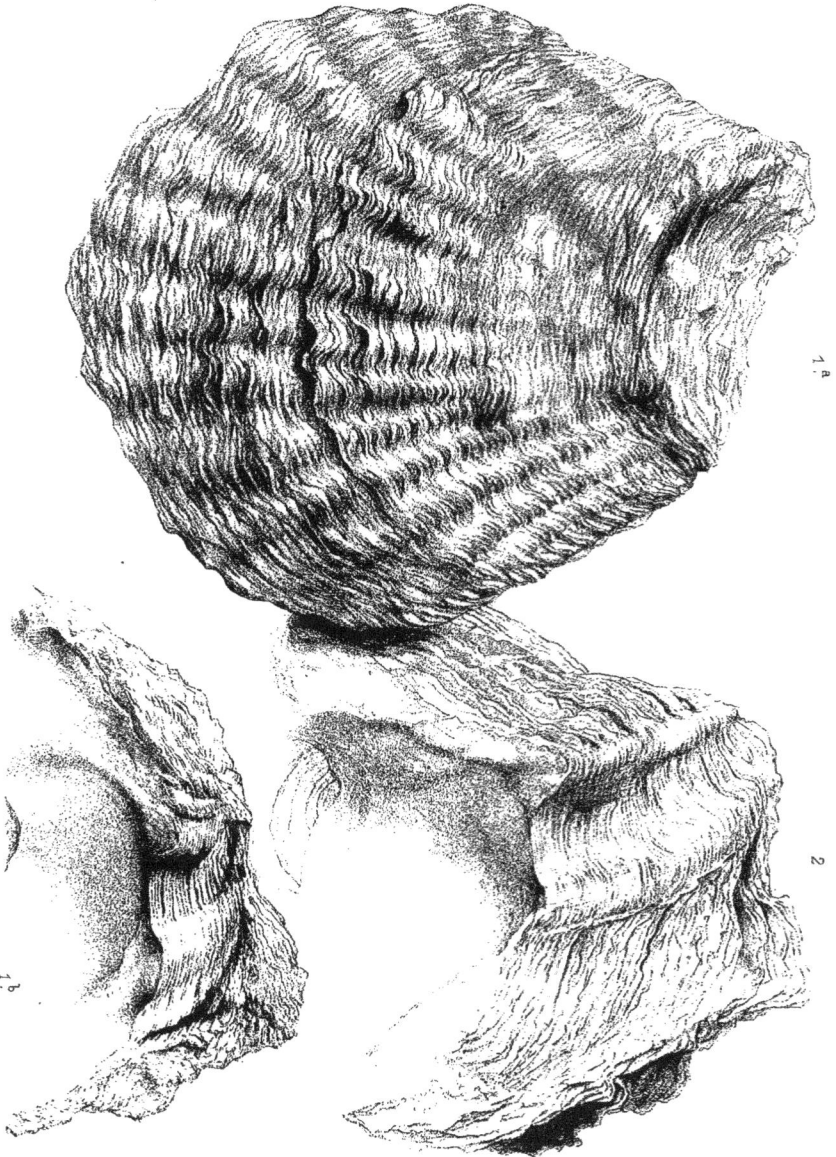

Dessiné et lith. par J.L. Bideault. Imp. Becquet fr. à Paris.

Faune helvétienne.

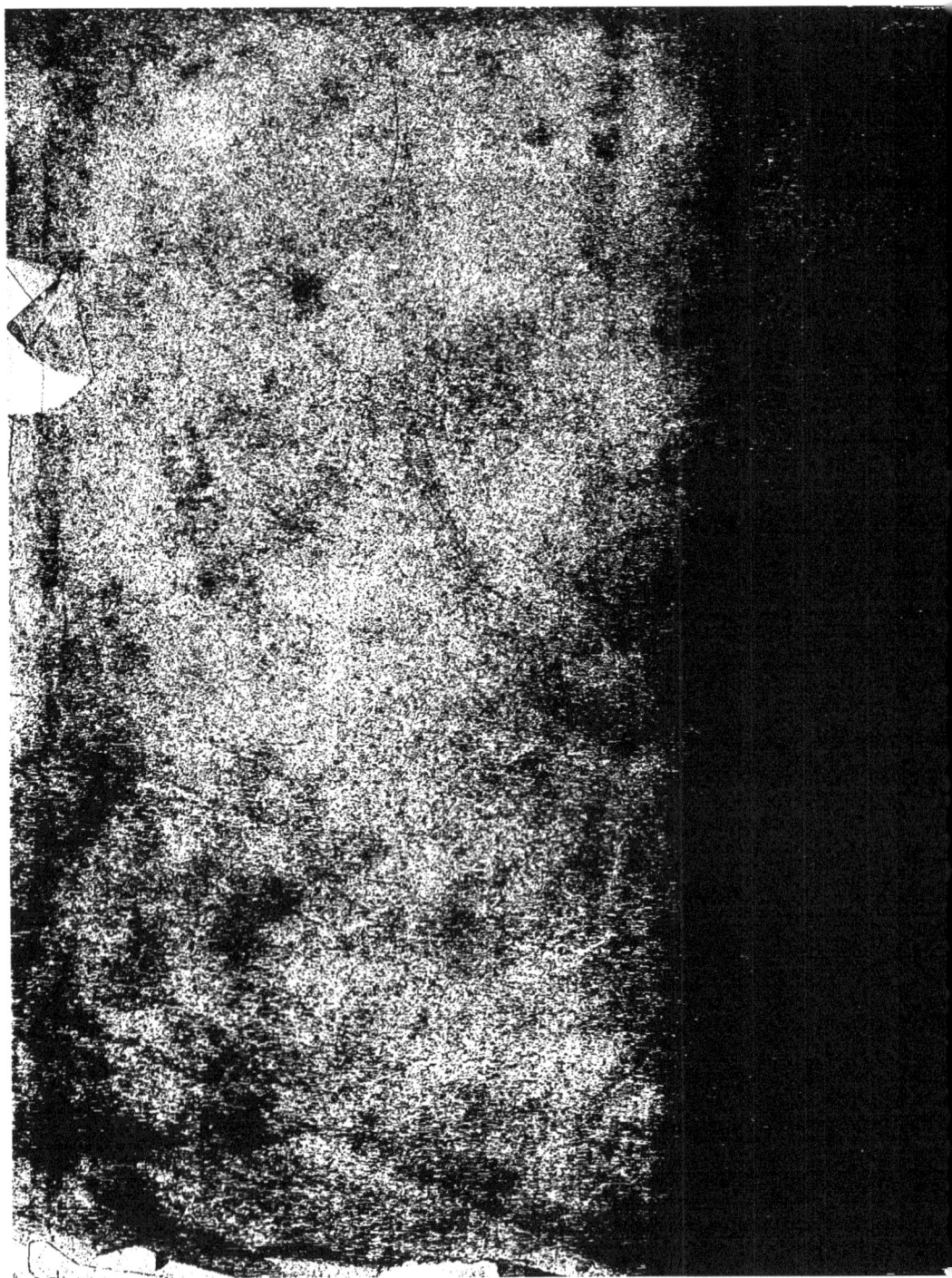